中餐烹饪实训

主　编　吕瑞敏　岳永政
副主编　石　新　单诵军
参　编　孙环慧　吕　琦　孙先剑
　　　　王传晓　王祯勇

机械工业出版社
CHINA MACHINE PRESS

本教材根据当前餐饮行业技能的需求，以技术性、实用性和实践性为原则，以应用为主线，以教学为中心，强调理论与技能的结合，突出专业技能的培养。本教材主要内容包括：烹饪工艺认知、勺工技能、刀工技能、调味、挂糊炸制、上浆滑油、勾芡淋油以及菜肴组配。

本教材适合职业院校和技工学校烹饪专业的师生使用，也可供烹饪行业从业人员参考。

图书在版编目（CIP）数据

中餐烹饪实训 / 吕瑞敏，岳永政主编．—北京：机械工业出版社，2018.2（2023.8 重印）
ISBN 978-7-111-58895-5

Ⅰ．①中…　Ⅱ．①吕…②岳…　Ⅲ．①中式菜肴—烹饪—实习—教材
Ⅳ．① TS972.117-45

中国版本图书馆 CIP 数据核字（2018）第 025677 号

机械工业出版社（北京市百万庄大街 22 号　邮政编码 100037）
策划编辑：侯宪国　　责任编辑：侯宪国
责任校对：唐秀丽　郑　婕　封面设计：马精明
责任印制：李　昂
北京中科印刷有限公司印刷
2023 年 8 月第 1 版第 3 次印刷
184mm×260mm · 11.75 印张 · 281 千字
标准书号：ISBN 978-7-111-58895-5
定价：39.80 元

凡购本书，如有缺页、倒页、脱页，由本社发行部调换
电话服务　　网络服务
服务咨询热线：010-88379833　机 工 官 网：www.cmpbook.com
读者购书热线：010-88379649　机 工 官 博：weibo.com/cmp1952
教育服务网：www.cmpedu.com
封面无防伪标均为盗版　金 书 网：www.golden-book.com

本教材是在对烹饪专业的一体化教学进行广泛、深入的调查研究，多次与相关企业、同类院校进行全方位的座谈、交流和研讨，并对各地烹饪专业的一体化教材进行较为充分的对比、分析的基础上编写而成的。

本教材依据当前餐饮行业对烹饪技能的需求，遵循技术性、实用性和实践性的原则，以餐饮技能的应用为主线，将一体化教学作为中心，强调烹饪专业的理论知识，突出烹饪专业的核心技能，并将烹饪技术与操作能力的结合及能力培养作为教学重点。

本教材根据技能的应用将内容分成了 8 个学习任务，即烹饪工艺认知、勺工技能、刀工技能、调味、挂糊炸制、上浆滑油、勾芡淋油以及菜肴组配，各个学习任务进一步分解成各项学习活动，并将各学习活动内容的理论与实践、教与学、思与做、预习与现场示范操作相结合，力求简洁明了。精练、简要的文字说明与照片图相结合，图文并茂，力求内容直观化、形象化。

本教材由济南市技师学院的吕瑞敏、岳永政主编，石新、单诵军参加编写。此外，为完成本教材的编写，酒店服务与管理系、烹饪教研室的其他老师们也给予了许多帮助，在此一并对他们表示感谢。

由于时间仓促，本教材仍有许多不足之处，希望读者不吝赐教，以期改正提高。

编　者

目录

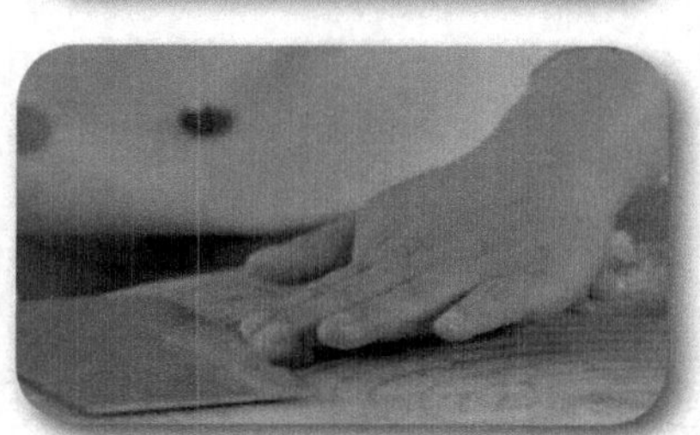

学习任务4 调味 \\ 65

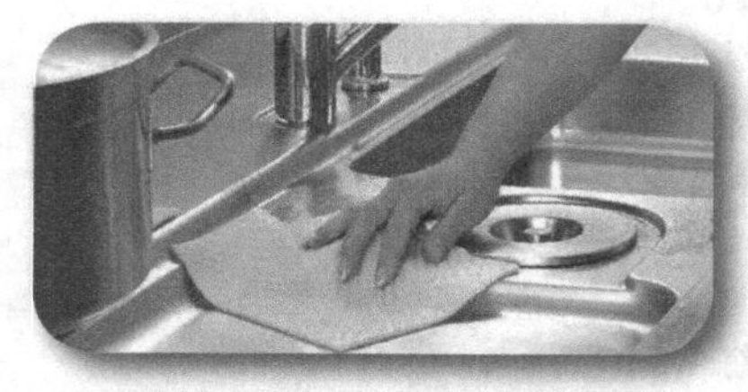
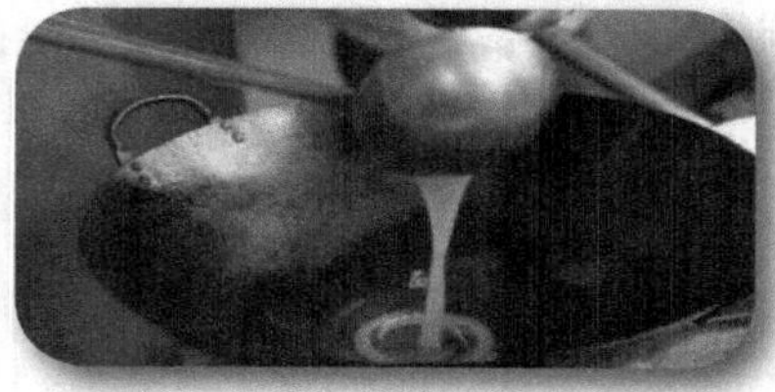

学习任务5 挂糊炸制 \\ 85

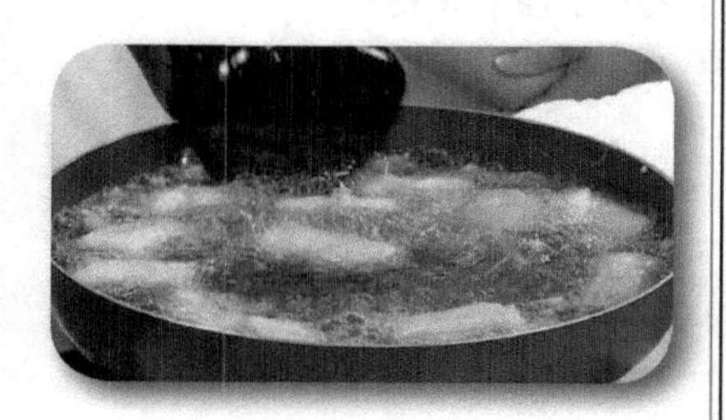

学习任务 1 烹饪工艺认知

任务流程

学习活动 1　参观酒店厨房

学习活动 2　参观实习教室，认知烹饪

学习活动 3　实习制度、安全知识认知

任务目标

1　感知实习现场和工作过程

2　认知烹饪实习的工作场地和常用设备

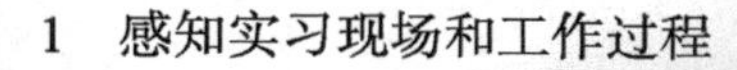

3　体会烹饪实习的工作特点和工作任务

4　规范实习操作和安全规章制度

建议课时

12 课时。实际用时__________课时

任务描述

让学生尽快了解烹饪实习及教学场地的环境要素、设备管理要求及安全操作规程，养成正确穿戴工装和安全卫生的良好习惯。学会按照现场管理制度清理场地，归置物品，为规范实习奠定基础。

学习活动 1 参观酒店厨房

活动目标

1. 认知酒店厨房的主要类别
2. 认知酒店厨房的组织结构和常用设备
3. 认知酒店厨房的工作岗位
4. 感知酒店厨房的工作现场和工作过程
5. 体会酒店厨房的安全、卫生管理标准

活动描述

结合专业发展状况，由系部统一安排，选择一个五星级酒店的厨房，学生以组为单位，教师带队，根据活动目标，请厨房负责人现场讲解，实地参观。活动主体为学生，教师组织。活动课时为 4 课时。

活动过程

此活动是学生第一次接触烹饪专业，既陌生又充满好奇，活动的吸引力自不必多言。教师要注意引导，精心组织，提示学生参观时应重点观察的内容和要求，并结合参观情况，指导学生完成相关任务。

认知项目 1 酒店厨房的主要类别

厨房是一个以生产各种食品为主要活动目的的工作区域，在厨房可以生产菜肴、面点、粥羹等食品。酒店厨房可按多种方式进行分类。

酒店按产品类别可分为中餐厨房、西餐厨房和家庭厨房；酒店按空间区域可分为开放式厨房、封闭式厨房和混合式厨房。

以下图片所示酒店厨房对应的名称是什么？请在后面的括号内划“√”。

中餐厨房（ ）	西餐厨房（ ）
家庭厨房（ ）	开放式厨房（ ）
封闭式厨房（ ）	混合式厨房（ ）

中餐厨房（ ）	西餐厨房（ ）
家庭厨房（ ）	开放式厨房（ ）
封闭式厨房（ ）	混合式厨房（ ）

中餐厨房（ ）	西餐厨房（ ）
开放式厨房（ ）	封闭式厨房（ ）
混合式厨房（ ）	

中餐厨房（ ）	西餐厨房（ ）
家庭厨房（ ）	开放式厨房（ ）
封闭式厨房（ ）	

中餐厨房（　　）	西餐厨房（　　）
家庭厨房（　　）	开放式厨房（　　）
混合式厨房（　　）	

中餐厨房（　　）	西餐厨房（　　）
家庭厨房（　　）	封闭式厨房（　　）
混合式厨房（　　）	

认知项目 2 酒店厨房的主要设备

你参观酒店厨房时都注意到了以下哪些设备？请写出设备名称。

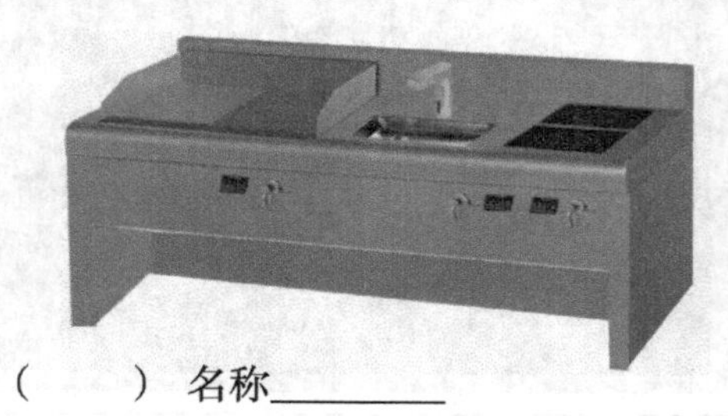

（　　）名称________

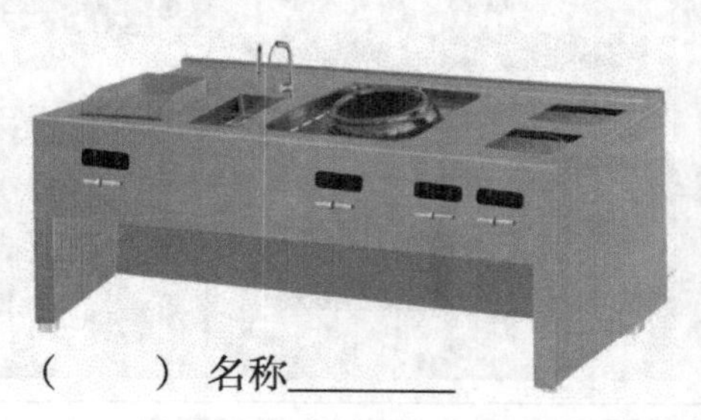

（　　）名称________

（　　）名称________

（　　）名称________

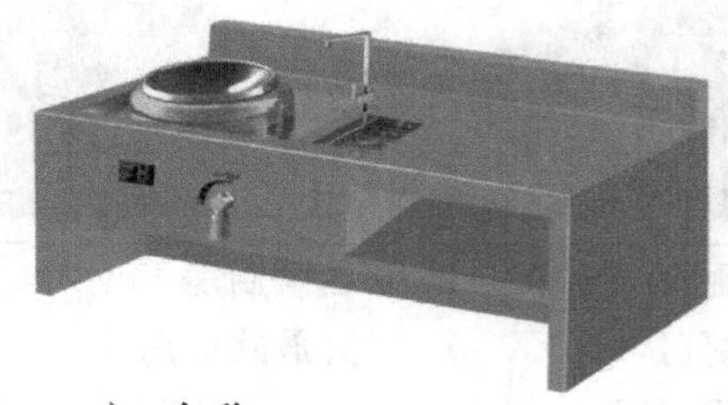

（　　）名称________

（　　）名称________

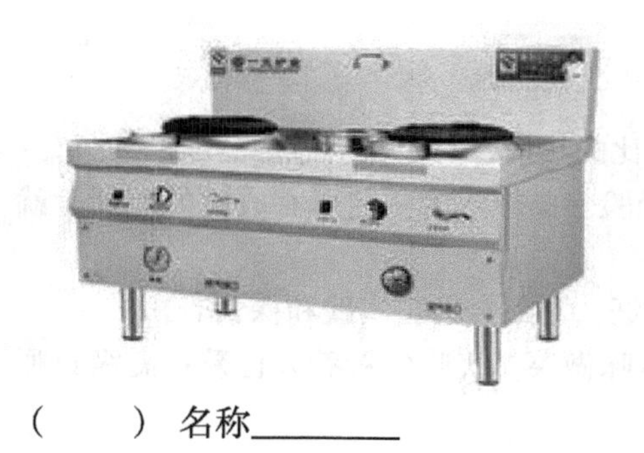

（　　）名称________

（　　）名称________

认知项目 3　酒店厨房的工作岗位

合理的岗位分工是保障酒店厨房良好运作的前提。中餐厨房的分工一般以岗位来划分。酒店最重要的岗位是管理层的行政总厨，有一些酒店还会相应配备菜品总监或创意总监；其次是厨师长，主要负责厨房的管理，同属管理层；最后是技术岗位，主要技术岗位有砧板、炒锅、打荷、上什、水台等。

砧板主要负责各种原材料的切和配，有些酒店会细分为生砧和熟砧。

炒锅主要负责将切配好的材料加工成美食，加工工艺可以细分为炒、煎、炸等。很多厨房会将炒锅位进行编号，号码越靠前代表级别越高，头锅、二锅多为此岗位的管理者。

打荷和炒锅是一种直接的师徒关系，主要负责将砧板切配好的各类材料按照菜单分发给炒锅，再将炒好的菜整理、装饰并摆好。

上什主要负责蒸、炖等与蒸汽有关的菜肴制作，以及鲍鱼、燕窝等干货原料的涨发等。

水台主要负责原材料的初步加工。

下图所示人员都在做什么呢？试着说出其岗位。

感知项目 1 酒店厨师的工作

烹饪没有国界，只有诠释方式的不同。烹饪需要无比的热情，且极富创意和品味。

任何东西都不能代替年复一年、日复一日的实践经验。要想成为一名卓有成就的厨师，就必须实践、再实践。理论无法帮您成为真正的厨师。

许多人之所以能成为职业厨师，是因为他们喜欢烹饪，不断努力、实践和探索。

初级厨师以菜做菜，能填饱肚子就好；中级厨师以味做菜，美味佳肴惹人喜爱；高级厨师以心做菜，小厨房里有大智慧，三鲜五味中品味人生。

通过参观酒店厨师的工作（见下图），你有哪些体会？请勾选。

工作认真，一丝不苟　（　）
岗位明确，职责分明　（　）

工装整齐，仪表规范　（　）
技术精湛，操作规范　（　）

小知识

有一位厨师精通诗词，每做出一道菜都能说出一句优美的诗句来。一位秀才故意出题为难，给厨师 2 个鸡蛋，做出 4 道菜，且每道菜要表示一句古诗。厨师欣然接受，做了 4 道菜。第一道菜：2 个纯蛋黄几根青菜丝。第二道菜：把一个鸡蛋的蛋白做熟，切成小块，排成一字，下面铺了一张青菜叶子。第三道菜：清炒蛋白。第四道菜：一碗清汤上面漂着 4 块蛋壳。秀才见了深表佩服。请问这四道菜代表哪四句诗？

感知项目 2 酒店厨房的管理

1）员工必须按时上班，履行签到手续；进入厨房必须按规定着装，佩戴工牌，保持仪容、仪表整洁，洗手后上岗工作。

2）服从上级领导，认真按规定要求完成各项任务。

3）工作时间不得擅自离岗、串岗、看书、睡觉等，不得干与工作无关的事。

4）不得在厨房区域内追逐、嬉闹、吸烟，不得做有碍厨房生产和厨房卫生的事。

5）自觉维护保养厨房设备和用具，随时保持工作岗位及卫生责任区域的清洁。

6）厨房是食品生产重地，未经厨师长批准，不得擅自带人进入。

制度严谨 管理规范 （ ）
责权分明 安全有序 （ ）

设备先进 卫生整洁 （ ）
岗位清晰 团队合作 （ ）

学习活动 2
参观实习教室，认知菜肴

活动目标

1. 认知烹饪一体化教室现场和设备
2. 结合菜肴案例，感知菜肴的好坏依据
3. 感知菜肴的制作流程
4. 感知烹饪实习的主要学习内容

活动描述

教师做现场讲解，并与现代酒店厨房作对比说明。选择三个菜肴进行演示，重在菜肴制作过程展示及菜肴的质量分析，并结合制作过程说明烹饪实习的主要学习内容。活动课时为 4 课时。

活动过程

此次活动是教师进行的初次技能演示，学生对老师充满着期待和仰慕。教师要注意形象，精心准备。学生要认真观看，细心思考。注意观看时的重点内容和目标，并结合观看情况，完成相关任务。

认知项目 参观烹饪实习教室

下列图为要参观的实习教室。

西餐一体化教室

中餐一体化教室

烹饪多媒体教室

裱花一体化教室

美食体验室

烘焙一体化教室

面点一体化教室

西餐体验室

根据参观的烹饪实习教室，填写以下设备名称和用途。

设备名称________________
设备用途________________

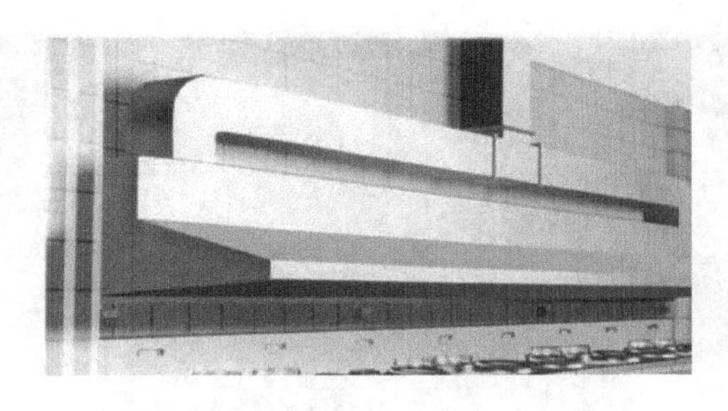

设备名称________________
设备用途________________

设备名称________________
设备用途________________

设备名称________________
设备用途________________

设备名称________________
设备用途________________

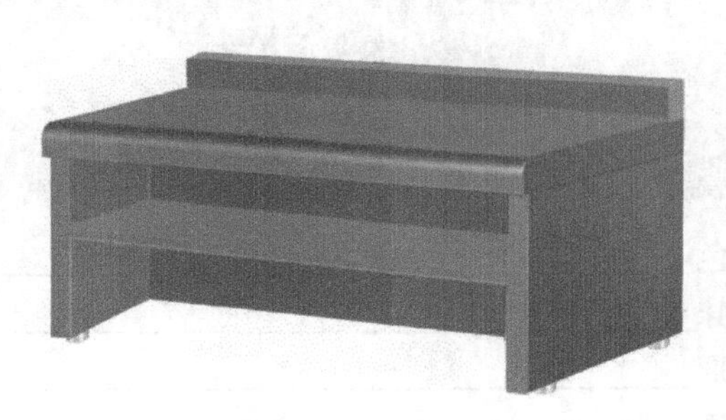

设备名称________________
设备用途________________

教学项目　教师演示，学生认知

1. 教师演示，学生体会

教师选择下列菜肴进行演示，并对色、味、质、形、原料构成及制作流程作重点分析、讲解。学生观看、体会教师做菜的过程。

色____________________
味____________________
形____________________
质____________________
原料构成____________________

色____________________
味____________________
形____________________
质____________________
原料构成____________________

色____________________
味____________________
形____________________
质____________________
原料构成____________________

色____________________
味____________________
形____________________
质____________________
原料构成____________________

色____________________
味____________________
形____________________
质____________________
原料构成____________________

2. 学生品尝，教师分析总结，学生再体会

教师针对所做菜肴作总结分析，针对制作过程、菜肴好坏做引导性提示。学生品尝，针对教师总结，再体会。

菜肴名称	色	味	形	质	工艺过程
拔丝地瓜					
酸辣土豆丝					
炒木须肉					
京酱肉丝					
冻粉里脊丝					

感知项目1　菜肴“内涵”

菜肴是“有血有肉、能动能说、能和客人交流”的艺术作品，菜肴的“生命”在于厨师用技术和心血为其赋予了无限的情感和激情。

一个好的菜肴，客人吃下去，能感到非常舒服，并意犹未尽。

1. 菜肴的特质

- 色为菜之肤　色彩自然，色泽靓丽。
- 温为菜之脉　热菜烫且持续，冷菜凉而不冰。
- 味为菜之血　菜之灵魂，决定菜品品质。
- 质为菜之骨　该脆则脆，该软则软。
- 形为菜之姿　形态自然，饱满润滑。
- 香为菜之气　菜在喘气，在呼吸，有生命。
- 器为菜之衣　美食不如美器，衣服要合体才好。
- 声为菜之韵　声如其人，菜如其声。

2. 感知菜肴——菜肴之美

菜如其名　菜肴如其名，名实相符。听菜肴之名，如品菜肴之实，极具诱惑力，印象深刻

色彩和谐　汤色、配色、原料色等色调匀称，色彩自然、悦目，诱人食欲、沁人心神

香气宜人　“坛启荤香飘四邻，佛闻弃禅跳墙来”，闻菜肴之香，菜不醉人人自醉，何其美妙

味感丰富　原料味、调和味、佐汁味，层次感分明，味感纯正，主味突出，食之舒爽，浑然天成

蒲芡秀清媚

佛　跳　墙

红烧黄河鲤鱼

质感强烈 成熟度、爽滑度、脆嫩度、酥软度皆佳，入口清晰，层次强烈，质感舒适，利牙适口、诱人食欲

造型优美 料形精细均匀、规格整齐；组配自然和谐；雅致得体；造型优美，韵味十足

分量得体 主、配料组配比例合适，与盛器比例谐调。既不臃肿，又不显干瘪，恰到好处

盘饰恰当 盘饰简洁、恰如其分，内容、形式与菜肴遥相呼应，画龙点睛

清时豆奶糕

八宝虾仁

根据你对上述内容的理解，再用心复查此表。

菜肴名称	色	味	形	质	工艺过程
拔丝地瓜					
酸辣土豆丝					
炒木须肉					
京酱肉丝					
冻粉里脊丝					

感知项目 2 菜肴制作的过程

菜肴的制作是一个复杂而有序的操作过程，主要包括选料、切配和烹调三大步骤。

选料是菜肴制作的首道工序。“买办之功居四，司厨之功居六”的说法自古有之。根据原料不同部位的不同特质分档取料；然后切配，使之物尽其用；最后烹调，宜爆则爆，宜炖则炖。

序号	过程及类别	内容
1	选料（粗加工）	原料鉴别。选择与初（粗）加工
2	切菜（细加工）	选择刀法。精细处理，根据菜进行分类
3	配菜（细加工）	主配料配选。种类用量，形态相适
4	烫菜（预熟处理）	主配料预熟。包括焯水、过油、汽蒸等
5	炒菜（烹调定质）	选择烹调技法。加热调味，确定菜肴品质
6	盛菜（入盘起菜）	合理盛装，装饰美化，造型设计，起菜

你觉得做菜容易吗？你对“厨师用技术和心血为菜肴赋予了无限的感情和激情”做何理解？对于老师的演示、分析，你又有何感想呢？

学习活动 3
实习制度、安全知识认知

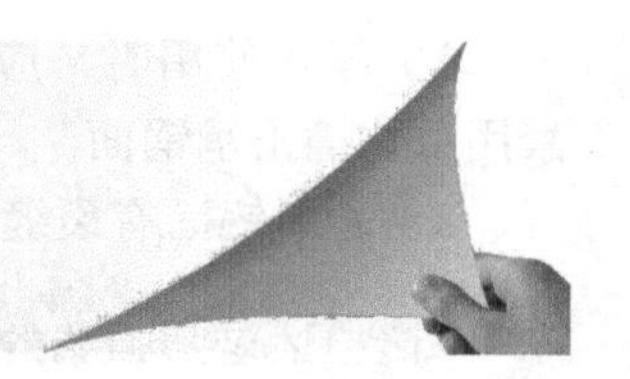

活动目标

1　认知设备安全操作规范

2　认识卫生管理规范

3　认知八常法实习管理制度

4　感知教学管理规范

活动描述

此次活动是学生上课的基础和前提，对于规范教学管理意义重大。引导、强调是此次活动的重点所在，学生能够接受并主动遵守是活动的目的所在。教学规范化管理是长期教学自觉遵循的结果。

活动过程

此次活动的主体是教师。教师逐一讲解相关设备的安全操作过程，演示炉灶，工具、用具，地面及环境区域内的卫生清理过程；讲解相关设备，工具、用具的放置要求，强调教学管理制度，指导学生完成相关任务。

认知项目 1　实习设备安全操作

1. 电磁灶使用注意事项

商用电磁灶具有分档调控功能，热效率高、功率大、升温快，使用电压多为 380V。使用时的注意事项如下：

1）可根据需求，调节档位至需要的火力，一般 1 档为小火，2~3 档为中火，4~5 档为旺火

2）停止使用时，应切断总电源。承锅面冷却后用抹布擦拭清洁，严禁用水龙头冲刷，严禁用重物撞击承锅面

3）若承锅面有裂缝、破损，应及时更换

请描述老师强调的注意事项

2. 燃气灶使用注意事项

燃气灶具使用时的注意事项：

1）用控气阀门调节火力，开启程度越大，火越旺。点火时要确认炉灶开关关闭后再打开燃气阀门，且阀门要慢启。应先有火后开气

2）关火时应先关闭管道开关，再关燃气阀门

3）点火操作、调节火力时，勿将身体正对点火口，以免火焰外逸，烧伤身体

请描述老师强调的注意事项

3. 刀具使用注意事项

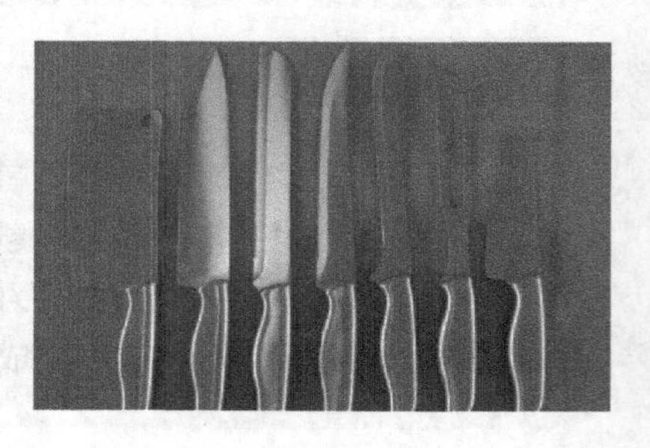

刀具应标有使用者专用的记号，统一收存管理。实习时由教师指派专人负责刀具的发放和存置，实习前后要严格核实刀具的数量，并在一体化教室使用表上签字标注。不准随意拿刀具吓唬他人或用刀具对指他人，不用时应放在固定位置，不准随意借用他人，更不准将刀具带出教室。不得持刀具指手画脚，持刀具者不得刀口向人，防止刀具掉落伤人。

请描述老师强调的注意事项

4. 其他注意事项

1）严禁长明灯，长流水，随时随地留意煤气管道是否漏气。

2）清扫卫生时，不要在带电状态下用水管冲刷墙体以及电气设备，保证配电设备在干燥的环境中工作。

3）不要用湿手触摸电器开关及插头，设备不用时应切断电源。

4）冰箱、冰柜定期除霜、除臭。蒸车等加热设备做到用前补水、用完放水，水箱内的残渣要清除干净，应待设备冷却后清洗。

5）容器盛装热油、热汤时应适量，端起时应垫布，并提醒他人注意。严禁学生在炉灶间、热源处跑闹。

6）电气设备若有故障发生，应立即切断电源并报备检修。使用后，应立即关闭主设备电源，切断总电源。

认知项目 2　教室卫生管理规范

1）进入教室须穿戴工作服，服装要干净、整洁，上课期间不得裸背敞胸、穿便装。

2）服装要统一，丢失了要个人补买。

3）上课不得穿拖鞋、凉鞋，不得留长发、长指甲，须按规定围腰系带。

4）上课时尽量不要将水洒在地上，教室内用过的废水须及时排除。

5）每次上课前后，都应彻底清理卫生区域，工具、用具等设备均要清理干净后物归原处，不要乱拿乱放，地面、天花板、墙壁、门窗应保持整洁。

6）不在教学区域抽烟。

7）定期清洗抽油烟设备，一个月彻底清理一次。

8）工作台及台内、台下和厨房死角，每次应注意清扫，防止残留食物腐蚀。

9）刀、菜墩、抹布等须保持清洁、卫生。不许随便悬挂衣物、乱放杂物。

10）生、熟食物分开储放，污物桶当日当次倒除，每日清刷，保持干净。

11）清洁扫除应及时，工具、用具按规定放置。

认知项目 3　八常法实习管理制度

讨　论

生活中的你是否经常会这样？

着急用的东西找不着，不顺手，心烦，桌面摆得零零乱乱。没用的东西堆了好多，处理掉又舍不得，不处理又占用空间。每次找件物品，都要看来看去，转来转去，翻来倒去。环境脏乱，情绪不佳，制订好的整理清洁计划，事务一忙就忘了。觉得不安全，物品常损坏，工作效率不高，让人头痛。

又或者你会这样吗？

指甲长、手饰多，工装凌乱污点多；工作环境脏乱差，满室噪声心情差；

夏季苍蝇满天飞，物品散乱无人管；设备摆置随意乱，乱吃乱拿令人烦；

地上污物无人管，我行我素很坦然；早走晚来太随意，你不喜欢又如何。

1. 常整理

日常用品常整理。将不再用的东西清理掉，还要用的物品何处拿取，何处归还，摆放井然有序，保证需用时，能第一时间找到。

2. 常整顿

工具物品常整顿。无规矩不成方圆，将整理后留在现场的工具物品分门别类放置，摆放井然有序，一目了然，明确数量，明确位置。

3. 常清洁

教学环境常清洁。坚持做到我不会使物品变脏，我不会随地乱弃物，我会清理地上杂物，我会维护清洁秩序，保持教学场所干净。

4. 常安全

教学设备常安全。对学生进行必要的安全操作指导，设置安全操作标识，定期检查设备安全状况，及时维修更换。

5. 常维护

规范管理常维护。明确责任，加强执行。定期检查摆放、安全、清洁状态，制订规章制度，养成维护习惯。

6. 常节约

原材料常节约。合理使用教学资源，原材料物尽其用。节约责任分解到班、到人，教学经费使用最大化。

7. 常修养

师生自律常修养。老师以身作则，学生多互相合作、互相提示。对学生多鼓励，加强学生正能量的传输，养成良好的行为习惯。

8. 常进步

师生合作常进步，常做常悟常反思。做好师生的行为和思想、专业技能、工作意识、学习意识的培养，达成师生的共同进步。

八常法贵在持之以恒，师生要每天一起切实执行，让八常法成为日常教学的行为准绳。

注 意

厨房系统长期使用的排油烟机、烟道、烟罩常年处于高温工作环境，会有很多油渍残留沉积。排油烟系统短时间内就会沉积大量油污，一年就能达到上百千克。长期累积油垢会产生流质油，积油越积越多，顺着烟罩自然倒流。油腻胶状物长期附着在金属表面，还会腐蚀金属材料，同时也会缩短设备使用寿命。排油烟系统内的油污沉积增大了空气流通阻力，从而需要加大风机负荷，使设备长期处于超负荷运行状态。

此外，烟道中还会产生肮脏的气味，更容易滋生细菌，易寄生老鼠、蟑螂。长期通风条件差、厨房油烟浓度高也是最大的火灾隐患，特别是在干燥的秋冬季，一旦管道积油太多，做饭时火苗很容易将其引燃而引起火灾。

学习笔记

通过参观酒店厨房和烹饪实习教室，观看教师演示等，相信你已对烹饪工艺有了更进一步的理解，请认真思考、总结，完成以下学习心得：

1. 菜肴制作就是简单的做饭炒菜吗？

2. 您准备如何做一名好厨师？

3. 菜肴的制作流程是怎样的？何为好菜？

学有所获

1. 人们在特定的职业活动中所应遵循的行为规范的总和称为（　　）。
A. 行为守则　　B. 职业守则　　C. 职业道德　　D. 社会道德
2. 职业道德建设关系到社会稳定和（　　）的和谐。
A. 社会关系　　B. 人际关系　　C. 职业之间　　D. 企业之间
3. 职工具有良好的职业道德，有利于树立良好的企业形象，提高（　　）能力。
A. 企业生存　　B. 职工收益　　C. 生产规模　　D. 市场竞争
4. 树立职业理想、强化职业责任、提高职业技能是（　　）的具体要求。
A. 公正廉洁、奉公守法　　B. 忠于职守、遵章守纪
C. 爱岗敬业、注重实效　　D. 忠于职守、爱岗敬业
5. 餐饮从业人员烹制的菜点和提供的服务质量好坏，决定着企业的效益和（　　）。
A. 费用　　B. 成本　　C. 信誉　　D. 福利
6. 尊师爱徒、团结协作的具体要求包括平等尊重、顾全大局、（　　）、加强协作等。
A. 师道尊严　　B. 克己奉公　　C. 相互学习　　D. 相互攀比
7. 货真价实是（　　）的重要组成部分。
A. 社会公德　　B. 职业道德　　C. 公平交易　　D. 注重信誉
8. 运行设备的性能、寿命、精度，在很大程度上取决于（　　）的使用正确与否。

A. 原料　　B. 操作人员　　C. 维修人员　　D. 管理人员

9. 厨房安全是指厨房生产所使用的原料及生产成品、(　　)、人员设备及厨房生产环境等方面的安全。

A. 岗位安排　　B. 生产程序　　C. 加工生产方式　　D. 组织结构

10. 道德是人类社会生活中依据社会舆论、(　　)和内心信念，以善恶评价为标准的意识、规范、行为和活动的总和。

A. 传统习惯　　B. 价值导向　　C. 价值体系　　D. 权利义务

11. 厨房安全用电管理制度主要包括(　　)、张贴操作规程说明牌和定期检查三个方面。

A. 指定责任人　　B. 成立安全管理小组　　C. 明确安全责任　　D. 强化全员安全意识

12. 道德是通过(　　)来调节和协调人们之间关系的。

A. 权利　　B. 义务　　C. 善恶　　D. 利益

13. 厨房消防给水系统是在(　　)时必须要安装的消防设备。

A. 设备配置　　B. 厨房建造　　C. 厨房生产　　D. 厨房设计

14. 色彩是反映菜肴质量的重要方面，并对人们的(　　)产生极大的影响。

A. 心态　　B. 消化吸收　　C. 生理　　D. 心理

15. 菜肴中通常以(　　)的色彩为基调，(　　)色彩为辅色，起衬托、点缀作用。

A. 辅料、主料　　B. 辅料、调料　　C. 主料、调料　　D. 主料、辅料

16. 菜肴制作的主要流程包括选料、(　　)和烹调。

A. 刀工处理　　B. 腌渍入味　　C. 初步熟处理　　D. 切配

阶段性考核评价

组别________　姓名________

评价项目	评价内容	评价等级(组评 学生自评)		
		A	B	C
职业素养	仪容仪表，卫生清理			
	责任安全，节约意识			
	遵守纪律，服从管理			
	团队协作，自主学习			
	活动态度，主动意识			
专业能力	任务明确，准备充分			
	目标达成，操作规范			
	工具设备，使用规范			
	个体操作，符合要求			
	技术应用，创造意识			
小组总评		组长签名： 年　月　日		
教师总评		教师签名： 年　月　日		

学习任务 2 勺工技能

任务流程

1. 学习活动 1　勺工操作基础
2. 学习活动 2　勺法
3. 学习活动 3　临灶勺工技能

任务目标

1　仪容仪表符合要求，姿势规范

2　能正确使用勺工的各种工具、用具

3　掌握颠翻等技术要领，达到操作要求

4　通过训练，增强臂力和腕力

建议课时

40 课时，实际用时________课时

任务描述

勺工技能的高低，直接影响菜肴的质量。但其学习的过程却很乏味。教师要耐心引导，学生除了重视勺工技能，更要静心凝神，多练多总结，肯吃苦，肯坚持，才可能将勺工技能练好。

学习活动 1
勺工操作基础

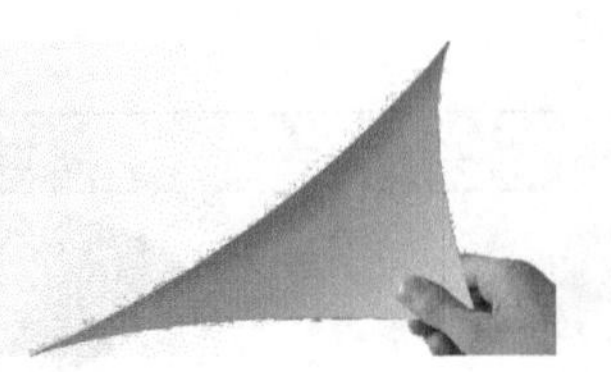

活动目标

1　认知勺工的主要工具、用具

2　掌握持勺的正确方法

3　掌握勺工的操作姿势

4　通过长期训练，增强臂力和腕力

活动描述

此活动是学生能否熟练掌握勺工的基础。勺工是一项熟能生巧的技能，很多学生刚开始连将锅端平都很困难，但要有耐心和信心，通过实践慢慢提高臂力和腕力，再加上持之以恒，成功指日可待

活动过程

教师将相关的技能拆解、示范，然后指导学生训练。学生可以相互探讨，也可以以小组学习形式一并完成任务。可与刀工训练相结合，特别是班级人数较多时，可分类轮流练习

认知项目　勺工主要工具、用具的认知

这是在某届中国厨师节上，某烹饪学校学生现场表演勺工的场面。学生动作整齐划一、潇洒利落，令在场所有人为之叹服、震撼。请结合图片，找出厨师操作时都用到了哪些工具、设备。

表 2-1 厨师常用工具、用具

图示	名称及介绍
	双耳式煸锅，较为普遍
	近年来创新的一种煸锅，将其中的一耳改为了单柄式
	单柄式平底炒锅
	单柄式尖底炒锅
	抹布多为棉质。每人至少需准备两块抹布
	手勺，多为不锈钢材质，可分大、中、小号

教学项目 勺工的操作姿势

勺工的操作姿势如下：

1）将手布折成适合自己手的大小，放在锅耳与锅边交界处的夹角上，食指与拇指呈 C 状扣住锅耳，其余三根手指展开垫住锅底。

2）左手掌心向上，大拇指伸开按于勺柄上方，其余三根手指握在勺柄下面。多握在勺柄中段。

3）大拇指、食指伸开，按于手勺柄上，其余手指与掌心合拢握住勺柄。

4）身体自然站直，与炉灶保持 15 厘米的距离；两脚自然分开或前后站稳，左手持锅，右手持手勺，眼睛注视炒锅。

实践项目　勺工操作姿势训练

此训练的训练课时为 6 课时。

1. 训练的目的

养成勺工的正确操作姿势，掌握炒锅、手勺的正确拿持方法，掌握左右手的配合及其节奏，强化训练手腕及手臂的力量。

2. 训练的内容

1）勺工的正确操作姿势。

2）炒锅的拿持方法。

3）左、右手的配合。

4）身体的谐调性。

5）操作时的节奏控制。

3. 训练的方法

（1）空手训练　工装穿戴整齐，以站姿为基准，队列式站立。身体各部位按勺工的操作姿势要求呈现出来，每 15 分钟为一训练间隔段，休息 5 分钟。学生间相互监督、指正。

（2）端沙（水）训练　每 2 人一组，面对面站立，锅内装水或沙，共重 3 千克。左手端锅，右手持手勺，锅要端平稳，按工具拿持的方法及勺工的站姿，保持 5 分钟。端不动了可相互交换，但锅不能落地，总训练时间为 20 分钟。

4. 训练考核

日期	时间 20 分	姿势 30 分	持控 20 分	纪律 10 分	态度 10 分	仪表 10 分	训练时间

学习活动 2
勺　　法

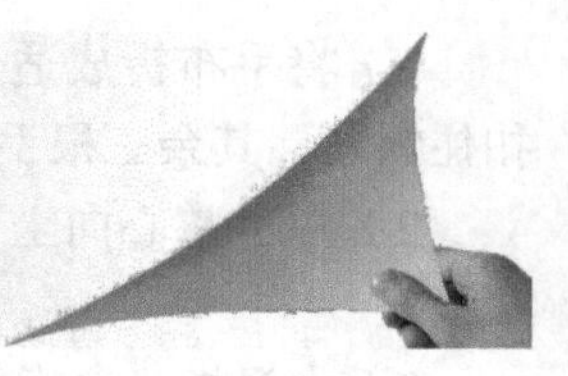

活动目标

1　掌握勺法的种类

2　掌握各种勺法的操作方法

3　理解勺法的用力技巧

4　强化训练，增强臂力和腕力

活动描述

此活动着重于勺法的种类及操作的技术要领。训练的目的不在于学生对各类勺法的具体掌握程度，而在于通过训练，体会勺法的运力技巧，增强身体对于烹饪的可承受力，养成良好的勺工操作习惯。

活动过程

学生结合知识预习，通过教师演示、示范，体会相关勺法的操作技巧及技术要领。通过个人训练，强化，提高个人勺工操作技能的同时，理解勺工的相关应用。

教学项目 1　前（后）翻勺

前（后）翻勺是酒店厨师使用最为广泛的勺法之一。后翻的用力方向和前翻正好相反，要领相同。

1）左手握住勺柄端平，曲肘处呈约 90°。

2）手腕和前臂用力将勺沿与锅底平面呈约 30° 向前推送，至曲肘处呈约 130° 时，迅速向后拉回。

3）拉回至曲肘处又呈约 90° 时，将勺放平，使锅内部分原料由锅的前部向后 180° 翻转，完成一个循环。

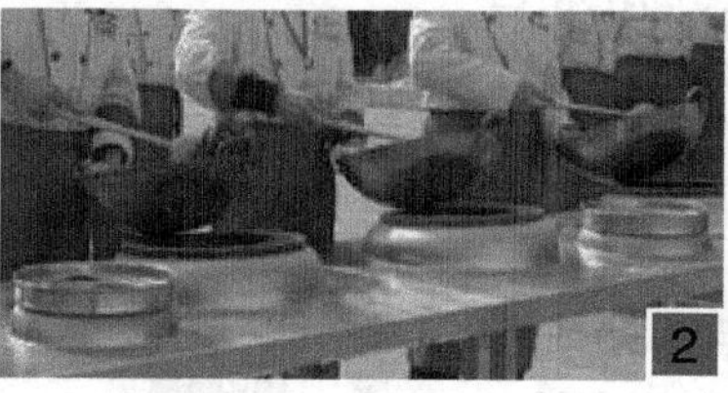

实践项目 1　前（后）翻勺训练

此训练的训练课时为 6 课时，每两人一把炒勺。

姓名	编号	姿势 20 分	技术 30 分	动作 20 分	质量 10 分	整体 10 分	进度 10 分	成绩	时间
	1								
	2								

教学项目 2　左（右）翻勺

左翻是靠小臂摆动，比前翻难度大。右翻的用力方向和左翻正好相反，要领相同。

1）左手握住勺柄端平，曲肘处呈约 90°。

2）左手腕和前臂用力将锅沿、锅底与平面呈约 30° 向左送扬，至锅体向右呈约 60° 倾斜。

3）迅速向右拖送，使锅内部分原料由锅的左部向右做 180° 翻转。

实践项目 2　左（右）翻勺训练

此训练的训练课时为 6 课时，每两人一把炒勺。

姓名	编号	姿势 20 分	技术 30 分	动作 20 分	质量 10 分	整体 10	进度 10 分	成绩	时间
	1								
	2								

教学项目 3 大翻勺

1）手腕挺住，手臂用力将锅沿与水平面呈约 60° 快速向右（左）上方送扬，至手臂伸直。

2）将锅迅速向左（右）下侧勾拉，借助惯性及锅沿对原料的阻挡力，使锅内的全部原料腾空向左（右）下侧翻转。

3）根据原料下落的速度和角度移动炒锅，接住原料。

实践项目 3 大翻勺训练

此训练的训练课时为 6 课时，每两人一把炒勺。

姓名	编号	姿势 20 分	技术 30 分	动作 20 分	质量 10 分	整体 10 分	进度 10 分	成绩	时间
	1								
	2								

学习活动 3 临灶勺工技能

活动目标

1 熟悉临灶勺工技能的种类

2 掌握各种临灶勺工的操作方法

3 理解临灶勺法的用力技巧

4 拓展思维，体会临灶勺工的应用

活动描述

临灶勺工是一项熟能生巧的技能。有些同学端 1 千克沙翻一百下就引以为傲，但临灶翻勺时却无从下手。其原因在于临灶勺工的技术要领及操作技巧掌握不好，训练力度不够。

活动过程

通过教师对临灶勺工的旋、翻、拌、推等动作的演示、讲解，深入分析临灶勺工的用力技巧及技术要领。学生针对相关项目训练，掌握临灶勺工操作技能的同时，理解各种勺法的综合应用。

教学项目 1　旋锅、旋料

（1）旋锅　顺时针或逆时针方向晃动炒锅，使原料在锅内旋转。一般锅小料少时使用旋锅。

（2）旋料　炒锅不动，用手勺或手铲推拨原料，使原料在勺内旋转。一般锅大料多时多用旋料。

教学项目 2　顶翻

顶翻的操作方法一般有两种：

（1）方法 1

1）左手持锅，手腕和胳膊用力，以炉圈的内沿为支撑点，将锅水平向后拉动。

2）右手持手勺或锅铲将原料向前推送。

3）利用手勺向前的顶推力和炒锅前沿对原料的阻挡力，使部分原料在锅内做 180° 翻转。

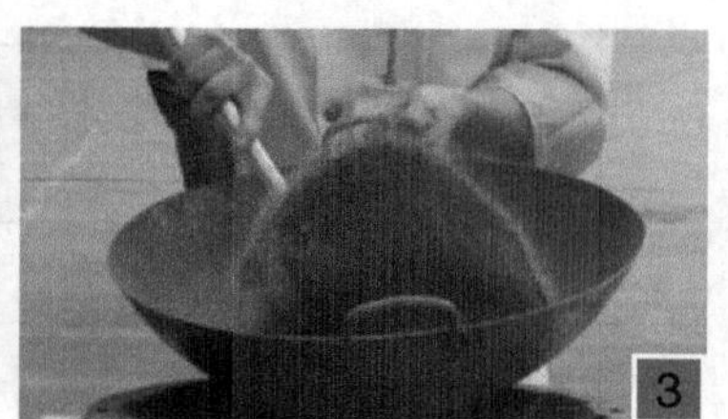

技 巧

翻锅主要用的是腕力和臂力。酒店厨师炒菜时翻锅一般都用顶翻，行业术语为蹭勺，即利用炉圈内沿对炒锅向上的顶推力和手勺对原料向前的顶推力翻动锅内的菜。只有在最后出锅时才会起锅翻几下。

手勺推料是给原料一个向前的力，使锅里的菜肴"向前冲"，再顺着锅壁前端的弧度向上冲，此时用另一只手腕的力量，以手为轴，将锅的前端向上，挡住向上冲的原料，同时，手臂给一个向回拉的力，使原料往回收，翻回到锅的中心。

（2）方法二

1）左手持锅，手腕和胳膊用力，以炉圈的内沿为支撑点，将锅以后端比前端高10°角的状态斜向后拉动。

2）至锅底中心立于炉圈内沿之上，右手持手勺或锅铲将原料向前推送。

3）以炉圈的内沿为支撑点，将锅以后端比前端高15°角的状态斜向前推动，直至锅前沿至炉圈的前沿。

4）利用手勺向前的顶推力和炒锅前沿对原料的阻挡力，使部分原料在锅内做180°翻转。

实践项目 1 顶翻训练

此训练的训练课时为6课时，训练地点在勺工一体化训练室。每两人一个工位，1千克散沙，轮换练习顶翻。

姓名	编号	姿势 20分	技术 30分	动作 20分	质量 10分	整体 10分	进度 10分	成绩	时间
	1								
	2								

注　意

有些菜肴在烹制时用一种翻勺方法很难达到最佳效果，必须要用几种方法密切配合，如大翻勺必须与晃勺有机地结合，小翻勺、悬翻勺要与助翻勺巧妙地搭配等。只有灵活使用不同的翻勺方法，才能使烹制出的菜肴达到质量标准。

顶翻勺虽应用最为普遍，但也须与其他勺法相互配合，才会更为有效，如推料、拌料等，有时也可离开灶口翻动。

（1）拌料　用手勺或手铲在锅中将原料作前后左右搅拌，使原料均匀受热。应走弧形路线，多为S或C形。

（2）推料　用手勺或手铲贴着锅底壁，向前轻轻推动原料，多用于细嫩易碎的原料。可直线向前推进，也可曲线推进。

（3）悬翻勺　将锅端离火源，略向前倾，将原料送至锅的前半部，与手勺协调配合快速将原料翻动。

1

2

3

一般用爆、炒、熘等方法烹制数量较少的菜肴，盛菜时多数采用悬翻的方法。在菜肴翻起尚未落下之时，用手勺接住一部分下落的菜肴盛入盘中，另一部分落回锅内。如此反复，一勺一勺地将菜肴全部盛出。

实践项目2　大翻勺训练

此训练的训练课时为4课时，训练地点在勺工一体化训练室。每两人一个工位，0.5千克散沙，轮换练习大翻勺。

姓名	编号	姿势 20分	技术 30分	动作 20分	质量 10分	整体 10分	进度 10分	成绩	时间
	1								
	2								

实践项目3　勺法综合训练

此训练的训练课时为6课时，训练地点在勺工一体化训练室，可与刀工训练相结合。

训练项目1：每两人一个工位，一人切萝卜丝，一人练习顶翻勺，可轮换。

姓名	编号	姿势 20分	技术 30分	动作 20分	质量 10分	整体 10分	进度 10分	成绩	时间
	1								
	2								

训练项目2：每两人一个工位，一人切萝卜丝，一人练习悬翻勺，可轮换。

姓名	编号	姿势 20分	技术 30分	动作 20分	质量 10分	整体 10分	进度 10分	成绩	时间
	1								
	2								

学习笔记

通过技能训练、观看教师演示等，相信你已对勺工有了深刻的理解，并已具备了相应的勺工技能。请认真思考、总结，完成以下学习心得。

1. 勺工重要吗？

2. 酒店厨师常用的勺法有哪些？

3. 很多学生感觉端勺训练无意义，你对此作何理解？

学有所获

1. 大翻勺时，锅内的（　　）原料一次性做180° 翻转。

A. 全部　　B. 部分　　C. 三分之一　　D. 二分之一

2. 如果原料由前向后翻动，按方向定义应为（　　）。

A. 前翻　B. 后翻　C. 左翻　D. 右翻

3. 握持炒勺时，应握在勺柄的（　　）部位。

A. 中间　B. 根部　C. 后端　D. 任意

4. 大翻勺时多与（　　）相配合。

A. 拌料　B. 晃勺　C. 顶翻　D. 推料

5. 顶翻勺时需与（　　）相配合。

A. 手勺　B. 铁筷子　C. 漏勺　D. 抹布

6. 翻勺时眼睛应注视（　　）。

A. 锅内原料的变化　B. 炉灶　C. 手　D. 火焰

7. 翻勺方法的选择依据主要是（　　）。

A. 原料多少　B. 个人喜好　C. 菜肴要求　D. 菜肴形状

8. 根据翻勺时的位置，勺法主要分为（　　）和灶眼上翻。

A. 悬翻勺　B. 大翻勺　C. 小翻勺　D. 顶翻勺

阶段性考核评价

组别________　姓名________

评价项目	评价内容	评价等级（组评 学生自评）		
		A	B	C
职业素养	仪容仪表，卫生清理			
	责任安全，节约意识			
	遵守纪律，服从管理			
	团队协作，自主学习			
	活动态度，主动意识			
专业能力	任务明确，准备充分			
	目标达成，操作规范			
	工具设备，使用规范			
	个体操作，符合要求			
	技术应用，创造意识			
小组总评		组长签名： 年　月　日		
教师总评		教师签名： 年　月　日		

学习任务3 刀工技能

任务流程

1. 学习活动1 刀工操作基础
2. 学习活动2 切
3. 学习活动3 片
4. 学习活动4 原料形状加工规范
5. 学习活动5 刀工技能应用

任务目标

1 仪容仪表符合要求，姿势规范

2 能正确使用刀工的各种工具、用具

3 掌握切、片的技术要领，达到操作要求

4 结合案例，体会刀工技能的综合应用

建议课时

102课时，实际用时________课时

任务描述

美味佳肴，刀工先行。刀工具有较高的技术性，更具有较强的工艺性，其主要目的是使原料呈现出各种不同的美妙形状，美化菜肴形态。心平气和，多切多练，是练好刀工的基础。

学习活动 1 刀工操作基础

活动目标

1. 掌握菜刀的持控及保养方法
2. 掌握菜墩的使用与保养方法
3. 掌握磨刀的方法
4. 掌握正确的刀工操作姿势

活动描述

此活动是学生技能实践的第一次，对学生的兴趣培养非常重要。学什么，做什么，如何做以及要达到的标准要求是此次活动的最终目标。老师示范、讲解、纠正、指导，学生动手操作。

活动课时为 12 课时。

活动过程

教师示范、拆解相关技术动作要领，学生实践，教师纠偏，帮助学生克服困难，纠正错误，并以汇报、展示等方式进行阶段性活动考核。严格活动规范，养成良好的教学习惯。

认知项目　刀工主要设备认知

刀工是一名厨师技术水平的重要标志之一。

工欲善其事，必先利其器。一把顺手、锋利的菜刀是前提。

砧板要厚实、要重，表面要平整。酒店厨房多用 10 厘米以上厚度的砧板。

案台要稳，高度要适合自己。

刀要常用常磨；砧板要常平整、常清洁；案台要保持整洁、卫生。

刀工的主要设备有菜刀、砧板、案台等。

（1）刀具　要锋利，使用前要擦拭干净，注意清洁卫生。

（2）案台　台面整洁，高度因人而易，一般为80~85厘米。

（3）砧板　板面平整无污物，一般置于距案台内边沿3~5厘米处。若砧板不牢，可调整放置位置或以抹布垫平，不可打滑或上下颠动。

（4）其他设备

1）抹布。准备两块干净的抹布，其中一块不受污染，以备揩拭盘具之用。

2）工装。整洁无污物，衣扣齐整，工作服、帽、脖领、围裙穿戴整齐。

教学项目1　刀工的操作姿势

有的厨师在切菜时动作潇洒、利落，让人钦佩不已。内行人只要一看操作者的站相就能看出其刀工的深浅。

1. 刀工的正确操作姿势

身体正面朝向砧板，与砧板保持10~20厘米的距离；两脚自然分立或呈丁字步站稳，与肩同宽；挺腰收腹，上身略倾向前，自然放松；颈部自然微屈，重心垂直；两眼注视刀身内侧，左手扶料，右手持刀。

2. 正确的持刀方法

右手持刀，拇指和食指捏在刀箍处，全手握住刀柄，手心紧贴刀柄。左手控制原料，随刀的起落而均匀地向后移动。左、右前臂相垂直，置于身体正前方。左手控料要稳，右手落刀要准。

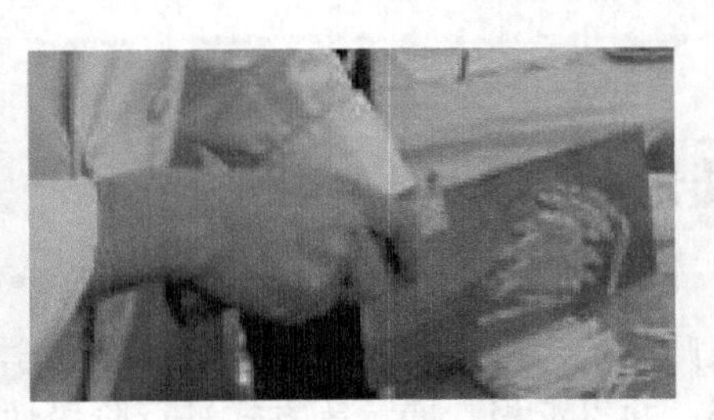

3. 操作间隔正确的放刀方法

刀柄朝左，刀头向右，刀背向外，放于砧板中间。

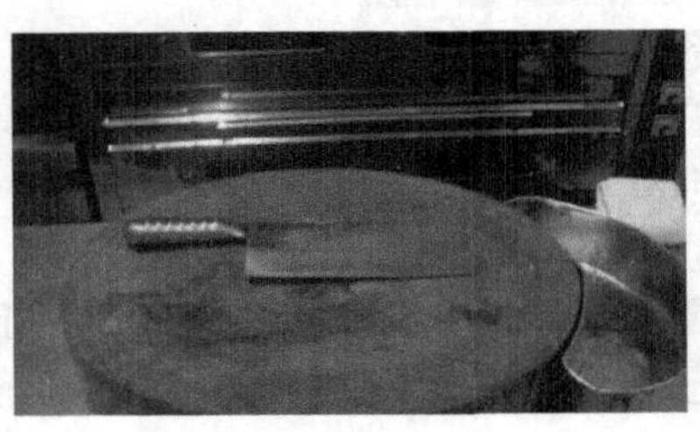

结合学习的刀工操作姿势，指出下图中错误之处。

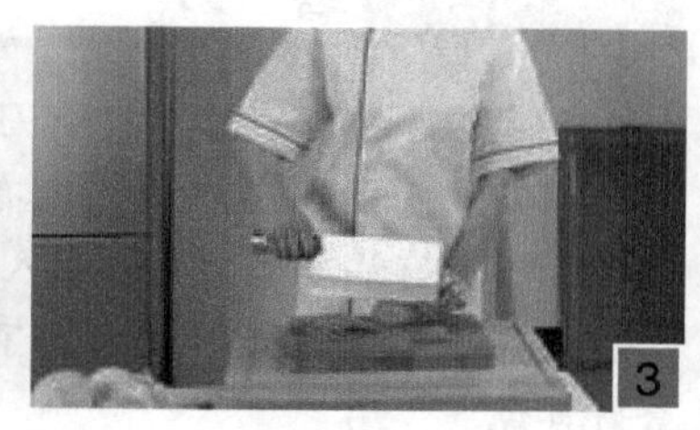

实践项目 1　刀工的正确操作姿势训练

此训练的训练课时为 6 课时。

刀工的正确操作姿势体现了学生自身的专业素养、技术水平，也体现着专业教学的质量与管理水平。对于刀工的正确操作姿势，很多学生不加重视，特别是随着实习教学的深入，学生的操作姿势很不一致，五花八门。而随着餐饮厨房的明档化要求不断提高，刀工的操作姿势已引起了各方面特别是用工企业的高度重视。

学生发新刀后，先不要急于磨刀或进行刀法训练，而应静下心来，用较长的时间去训练刀工的正确操作姿势。

1. 训练的目的

1）塑造良好的专业形象。
2）养成正确的操作姿势。
3）增强学生的自我管理意识。
4）适应未来的工作需要。
5）满足专业技术深入学习的要求。

2. 训练的内容

1）正确的刀工操作姿势。
2）操作时的持刀方法。
3）操作间隔的放刀方法。
4）走动时的持刀方法。
5）操作时的按料方法。

3. 训练的方法

训练方法主要为无料训练。无料训练时，工装穿戴整齐时，以站姿为基准，队列式站立。身体各部位按刀工的操作姿势要求呈现出来，每 15 分钟为一训练间隔，休息 5 分钟。学生间相互监督、指正。

教学项目2 磨 刀

结合以下寓言，体会“磨刀不误砍柴工”的寓意。

从前，有一个老农民，他有两个儿子。他对儿子们说：“我已经老了，体力不支了，该退休了，门后有许多柴刀你们每人自己选一把，上山去砍柴吧。”

大儿子选了把柴刀就上山了。小儿子发现所有刀均有破口，还生了锈，于是他决定先把刀磨好再说。

小儿子磨好刀，来到山上，已经是下午了。“看来我得快点了，大哥都可能砍了一大堆了。”小儿子开始干了起来，不一会儿，便砍了满满两担柴。而此时大儿子才只砍了一小担柴。

大儿子满头大汗挑着柴回家来，此时小儿子也回来了。父亲奇怪地问小儿子：“你比你大哥上山晚，为啥你砍的柴比大哥多呢？”“如果刀没磨快，怎么能够砍得又快又多呢？”父亲听了，脸上露出了欣慰的笑容，语重心长地说：“对对对，只要准备好工具，掌握了方法，做事就可以事半功倍。”

一件事办不办得成，不是看你有多大的期盼和多大的热情，而是看你用什么方法、用什么技巧。

刀在很钝的情况下，严重影响砍柴的速度与效率，在砍柴前虽然费一些时间来磨刀，并不立即去砍柴，但一旦刀磨得很快，砍柴的速度与效率会大大提高，砍同样的柴反而用时比钝刀少。

磨刀是厨师必备的基本技能，厨师的刀如当兵的枪一样，有着事半功倍的作用。很多人不会磨刀，更不在意刀是否锋利，则会事倍功半。

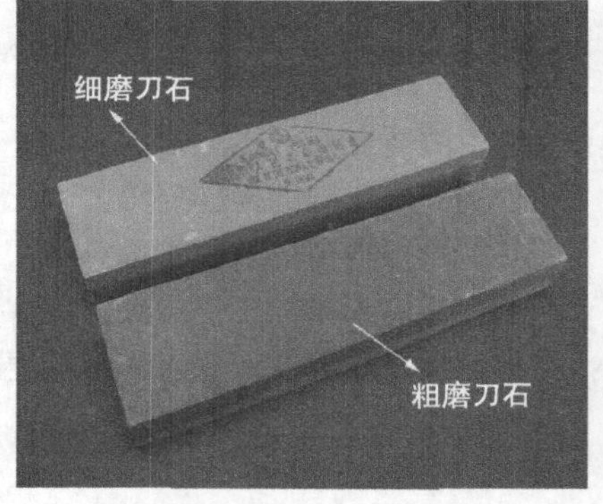

1. 磨刀的主要器具

磨刀的主要器具是磨刀石，分粗、细两种。刀通过在磨石上的反复磨砺，刀刃才会锋利。

磨刀时先在粗磨石上磨出锋口，后在细磨刀石上磨好锋刃。二者结合能缩短磨刀时间，延长菜刀的使用寿命。

2. 磨刀的方法

（1）平磨法　左手握住刀柄，右手扶住刀头，刀身端平，刀与磨刀石略呈一定角度，向前平推至磨刀石的尽头，再向后拉回。当磨刀石表面起浆时，需淋加适量的水后再磨。

（2）竖磨法　刀柄向里，右手持刀柄，刀背向右，左手按住刀面磨制。

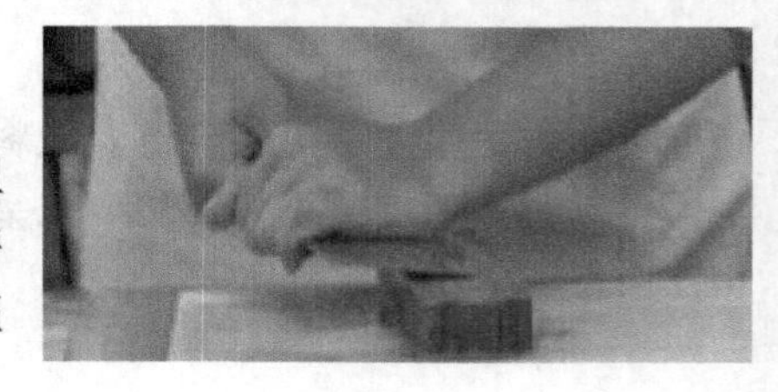

3. 磨刀的原理

刚买的菜刀表面看着很光滑，但细细摸起来却很粗糙，而且刀刃两侧均有很明显的两条棱纹。磨刀时，应将刀刃两侧的棱纹磨平，刀身两侧平面相交处成为刀刃。至于刀面，应以先粗磨刀石后细磨刀石的顺序均匀地磨光滑。

4. 菜刀质量的鉴定

菜刀应光泽均匀，刀刃锋利，无缺口、无锈迹者为佳。具体鉴定方法如下：

1）刀刃朝上，两眼直视刀刃，若只见一道看不出反光的细线，表明刀已锋利；若有白痕或一条反光的白色细线，则此处刀刃不锋利。

2）刀刃在砧板上轻推，若打滑，刀刃不锋利；推不动或有涩感，则刀刃锋利。

3）刀刃放大拇指上轻轻拉一拉，若有涩感，刀刃锋利；若觉光滑，则不锋利。

5. 菜刀的保养

1）菜刀用完后，用清洁的布擦干菜刀上的污物和水分，晾干或涂少许油。

2）菜刀用完后，要插在刀架上，且应放在安全干燥处，不要随手乱放。

3）菜刀要经常磨，磨刀时要做到正反次数一致，磨两头带中间。

4）长时间不用的菜刀，应在刀身两面涂一层干淀粉或植物油。

实践项目2 磨刀训练

此训练的训练课时为12课时。

现在市场上有很多磨刀工具，如图中所示的定角磨刀器等。虽省时省力，但可能会把一把好刀磨废、刀面磨花，刃线磨圆也比较常见。即使磨出来也缺乏韧力，并且难以长期保持锋利。

真正的好刀是厨师用灵巧的双手和心血磨出来的。

磨刀的方法如下：

（1）磨刀准备　准备一块磨刀石、一个水盆和磨刀架。如果没有固定的磨刀架，可以找一案台或水池边沿，将一块厚布毛巾垫在磨刀石下面。提前将需要磨制的菜刀，放在盐水中浸泡20分钟。

（2）粗磨　磨刀第一阶段，用粗磨石，平磨、竖磨均可。

1）平磨。右手大拇指按在刀背上侧，食指伸开压在刀身上，其余三个手指握住刀柄。左手大拇指伸开按在刀身上侧，其余手指握住刀头。两手握稳刀体，稍微用力将刀往下压。保持3°～5°的角度，前推后拉，边磨边浇水，反复磨制。注意刀的前、中、后段均要磨到，且要均匀，推拉时都要保持同一个角度。刀两面均要磨，反面磨时，左右手动作复制。

2）竖磨。右手大拇指伸开按在刀箍上侧往下压，其余三个手指握住刀柄。左手大拇指伸开按在刀身上侧，协同手掌一并往下压，其余手指弯曲握住刀背两侧。两手握稳刀体。保持 3° ~ 5° 的角度，竖刀身前推后拉，边磨边浇水，反复磨制。推拉时都要保持同一个角度。刀两面均要磨，反面磨时，左右手动作复制。

（3）细磨　磨刀第二阶段，用细磨石，平磨、竖磨均可。方法同磨刀第一阶段。

磨刀时您可以试一下下面的方法：

浇的水可以换成盐水，这样既容易磨得锋利，还可延长菜刀的使用寿命。

磨内刃面时，呈 3° ~ 5° 角，甚至更小，磨出来的刀切菜时会省力很多。

磨外刃面时，呈 5° ~ 8° 角，甚至更大，切菜时会使切下的菜顺利地与菜刀分离。

（4）磨刀检测　磨好的刀的检测方法有以下 4 种：

方法 1：刀面上看不到粗磨的痕迹，刀面光亮。

方法 2：用手顺着摸刀刃，刀刃无卷曲，不卷口。

方法 3：观察刀刃，刃线很小、很细，几乎看不到刀刃。

方法 4：教师示范时提到的方法。

1. 训练目的

把刀磨好。菜刀磨得好是刀工技能的基础，是练好刀工的前提。磨刀非一时一日之功，争取利用 12 节课的时间将刀磨好，为刀工训练打好基础。

2. 训练的方法

每两人为一组，一块粗磨刀石，一块细磨刀石，两人轮流磨刀，相互指正、交流。学生磨刀时，教师要流动指导，适时纠正、检查学生磨刀的状况。要注意培养学生的耐心。

学习活动 2
切

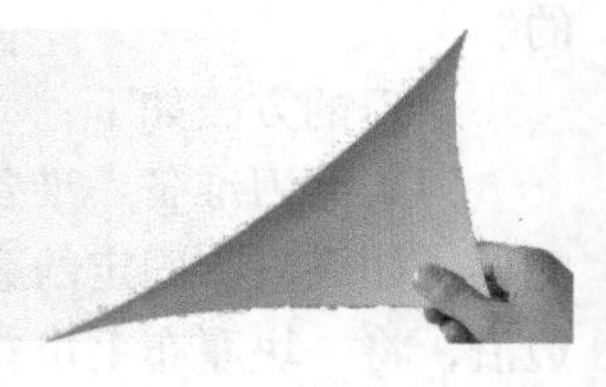

活动目标

1	掌握直切、推切
2	熟悉拉切、锯切、滚料切
3	体会各种切法的技术技巧
4	体会各种切法的技术应用

活动描述

教师的重点在于各种切法的演示、讲解、分析及巡查、指导、纠正。主体为学生动手练习，可以以好带次，流动性编组。从“切”入门，先“好”，再“稳”，后“快”，循序渐进。活动课时为32课时。

活动过程

教师依据内容进度分三次做统一的现场演示，重在各种切法的技术要领与动作要求。指导时注意引导学生多观察、多思考、多比较。先进行个体练习，再分组练习，分层次进行，并做阶段性考核。

教学项目1 推切

推切强调刀工的操作姿势和持刀方法，重点解析推切的动作要领、左手的按料方法、刀体的运动状况、左右手的配合等。

1. 推切的动作要领

推切时，刀身与砧板接触面成直角。刀刃的前部位对准原料，刀由上至下运动的同时，由右后方向左前方推，着力点在刀尖部位，一推到底，直至原料切断。

推切主要用于质地较松散、较硬或软韧，用直刀切容易破裂或散开的原料，如猪肉、鸡肉、熟肉制品、芹菜、叉烧肉、牛百叶等。

推切的动作要领如下：

● 左手按料着力点在原料内侧与刀刃相接处。

● 原料的码放不宜太厚，且要整齐。

● 切制时的原料均匀程度取决于操作时的感觉，而不是依靠眼睛注视。眼睛注视刀与中指相触点。

● 推切的同时，刀可顺势向外侧斜一下，原料分断均匀，排列整齐。

● 收拉刀时要提起刀刃的后半部。

2. 左手按料方法及刀的运动状态

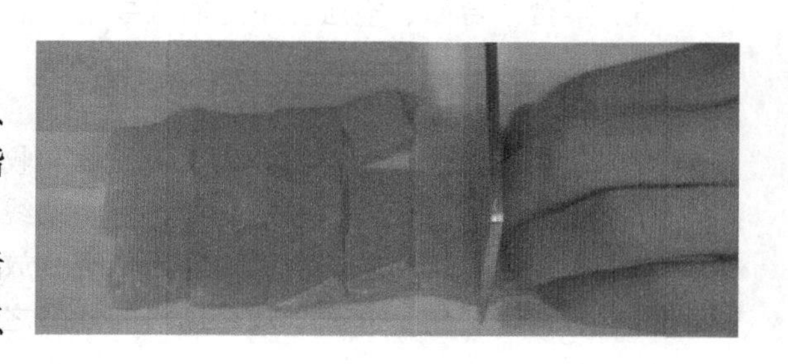

● 左手大、小拇指按在原料两侧，食指、中指和无名指按在原料的上部，指尖微曲，中指第一关切前突，抵住刀身，借中指移动定刀距。

● 左手以手腕为支点，手指不能一齐后退，应像两腿走路一样交替后移。后移的时点是刀刃接触砧板时。

● 左手手掌、手腕与前臂呈一直线，手腕接触砧板或按在原料上。

3. 左右手的配合

● 原料不同，左手按料时的用力大小也有区别。左手稳住物料，移动的距离和移动的快慢需配合右手落刀的快慢，两手应紧密而有节奏地配合。

● 切料时，利用中指的第一关节抵住刀身，使刀有节奏地切下。抬刀时，刀刃不能高于指关节，否则易将手指切伤。

● 右手下刀要准，不宜偏里或偏外，保持刀身垂直。放置在砧板上的原料应与板面水平线间夹角约呈 45°，以保持正确的操作姿势。

实践项目 1 推切训练

此训练的训练课时为 36 课时。

教师布置任务时要遵循由慢到快、循序渐进的原则。初始阶段注重动作要领体会，技术细节可分解，切丝数量要有限制，从 20 到 100 渐增；布置任务时，也可根据练习进度及学生的掌握情况，对学生进行再编组，由好带次，学生间互教互学、互比互评；可结合原料成形加工的相关要求，进行片、丝、米、末等具体形状的加工训练。可与勺工训练相结合。

学生训练时要精神集中、劳逸结合。注意体会动作的构成，细节的把握。两人交替练习，相互指正，相互比较，相互探讨。感觉很重要，但要慢慢找。注意操作时的区域环境整洁利落，原料的放置要符合要求，操作姿势要正确等。

训练项目 1 切的操作姿势规范

将刀按要求放于砧板上。无刀状态下两人面对面，按刀工的操作姿势要求站立：站姿、身体状态、左手按料、右手持刀、左右手臂的角度等均做出相应的规范要求。

每站 10 分钟休息 5 分钟，两名同学间可相互监督、指正。

要持续训练，养成规范的操作姿势。在以后的操作中，也要按此要求，严格规范。

训练项目 2 卫生清理

先由教师示范炉灶、案台、盛具、工具、用具、地面等的卫生清理过程及要求，学生再进行训练，以后实习训练时均要保持此规范。

（1）炉灶 炉圈要刮洗，水鼓要洁净，水龙头要清洗，灶台上下和背板要干净。

（2）地面 按工位划定卫生区域，责任到人。

（3）案台 台面、空层上下左右均要清洁。

训练项目 3 工具、用具的放置规范

（1）刀具 上课前后要由专人负责发放和收存。

（2）砧板 横向于案台竖放，摆正呈一条线。

（3）配菜盘、调料碗 清洗干净后依类叠放在一起，料碗在上，配菜盘在下。

（4）炒锅、手勺 立放于灶台内沿与灶口之间，手勺插于锅之两耳内。

（5）漏勺等　漏勺放于油盆上；铁筷子、炊帚顺放于灶台右下角处。

（6）盛菜盘　盛菜盘洗净后叠放在一起，置于操作案台第二层右后角处。

（7）抹布　规范抹布放置，洗净铺放于案台右下角处。

训练项目4　推切

每人两个青萝卜，不打方，直接顶刀推切成圆片，然后将圆片排叠呈瓦楞形，再推切成丝。要求粗0.2厘米见方。规范推切的技术动作。

整个操作过程中，砧板要离案台内沿5厘米，放稳、垫平；原料要成丝放配菜盘内，下脚料放料盘内，废料放垃圾盘内；水不能洒落在地面上，操作区域内要保持整洁、卫生；整个过程中绝不允许拿刀指向人。

学习手册

烹饪刀工中的切，谁都能切，但未必谁都会切。初练切法，常常不得要领，切得别扭，切得吃力。因此，除了要勤切勤练之外，要多问几个为什么，要会学、巧学。

● 切制时，左手为什么要呈“蟹爬形”？

蟹爬形是指左手五指略微并拢，指尖向手心弯曲，按稳原料，手掌依托原料在砧板上呈蟹爬状。左手按料有力，稳妥又不滑动，便于切制。右手持刀，刀起刀落，不偏不倚，准确掌握原料的形状和刀距，切制的成品才能整齐划一，还能防止划伤手指。左手呈蟹爬形，加上持刀右手的配合，左手随刀向后移动，就可有节奏地切制了。

● 切片时，为什么会出现厚薄不匀的现象？

切片时会出现一片薄一片厚或一边厚一边薄的现象，可能是因为：

1）切制时按料不稳，前实后松或前松后实。

2）进刀时用力不均。

3）刀与原料不垂直或左右偏斜。

4）原料形体既大又高，刀钝料硬。

5）砧板面凹凸不平。

● 为什么切不同的肉时使用的方法不同？

肉的品种不同、部位不同、老嫩不同、纹路不同，不同菜肴对肉的要求不同，对肉的切制方式就应有所区别。

（1）顺切　顺着肌肉纤维的纹路切，适用于质地细嫩、易碎、含水分多、结缔组织少的原料，如鸡胸肉、鱼肉、猪里脊肉。顺切出来的猪肉丝、鸡肉丝、鱼肉丝，烹制成菜肴后，既能保证菜肴质量，又能保证菜肴形状整齐美观。否则，菜肴容易成为粒屑状，甚至造成烹饪失败。

（2）斜切　斜着肌肉纤维的纹路切，适用于质地比较细嫩，肉中筋少的猪臀肉、弹子肉等，能使菜肴的质地一致，不软不硬，口感更加鲜嫩。若顺切易变老，横切又易断易碎。

（3）横切　横着肌肉纤维的纹路切，适用于质地较老、纤维粗硬、结缔组织较多的牛肉等。若顺着纤维纹路切，原料经加热烹调后，质地老硬，咀嚼不烂。

● 切丝时，为什么会出现粗细、长短不一的现象？

1）片切得不标准，一片薄一片厚，或切成了一头薄一头厚。

2）叠片不整齐，前后左右错位。

3）片叠得过高，造成倒塌。

4）切制时按料不稳，原料滑动，造成跑刀。

5）精力不集中，两手配合不当，时快时慢，下刀不准，前后左右偏斜，刀距不等。

教学项目 2　直切、拉切、锯切、滚切

学生训练至一定程度，教师可适时示范直切、拉切、锯切、滚料切，学生再训练。

1. 直切

速度快时也可称为跳切。

左手按稳原料，右手操刀。刀垂直向下，刀身与砧板接触面成直角，既不向外推，也不向里拉，一刀一刀笔直地切下去。

直切用于切制脆的或软性原料，如萝卜、黄瓜、白菜、土豆、豆腐等。

直切的操作要领：

● 右手持刀运用腕力，落刀垂直。左手按料要稳。

● 原料码放要整齐，左右手要有节奏地配合。

2. 滚切

滚切又称滚料切。

滚切时，左手按稳原料，右手持刀不断下切，每切一刀将原料滚动一次。滚切用于圆形或椭圆形的脆、软性原料，如黄瓜等。

滚切的操作要领：

● 左手滚动原料的斜度要适中，且应始终保持一致。

● 右手紧跟原料滚动切下去，保持大小薄厚均匀。

● 运刀角度要保持一致。

3. 拉切

拉切时，刀刃的后半部位对准原料要切的位置，刀刃自上而下，同时自左前方向右后方运动，着力点在刀的前端。拉切用于软中带韧且韧性较弱的原料，如里脊肉、鸡胸脯肉、净鱼肉、虾肉等。

拉切的操作要领：

● 左手按料时着力点在原料的内侧部位。
● 收推刀时要翘起刀刃的前半部。

4. 锯切

锯切也称推拉切，为推切和拉切的结合。据切时，刀与原料垂直，先将刀向左前方推，再向右后方拉，一推一拉像拉锯一样向下把原料切断。锯切用于厚度较大、无骨而有韧性或质地松软、软中带韧的原料，如猪肉丝、鸡丝、面包片、羊肉片、馒头片等。

锯切的操作要领：

● 刀运行的速度要慢，着力小而匀。
● 前后推拉刀面要笔直，不能偏里或偏外。
● 锯切时左手要将原料按稳，不能移动。

教学经验说

刀工训练是学生真正接触烹饪技能的第一个实践操作，是由无到有、由不知到知、由不会到会的过程，不可能不犯任何错误，虽然教师希望通过困难与挫折来让学生体会劳动的艰辛与成果的来之不易，但“屡战屡败”必然会挫伤学生的学习积极性，此时教师有针对性的指导与帮助就显得格外重要。在教师的引领下，让学生找到解决问题的方法，克服困难，在挫折中不断成长才是教学的意义所在。

实践项目 2 直切、拉切、锯切、滚切训练

此训练的训练课时为 12 课时。

训练前准备：将刀按要求放于砧板上。无刀状态下两人面对面，按刀工的操作姿势要求站立，站姿、身体状态、左手按料、右手持刀、左右手臂的角度等均做出相应的规范动作。

每站 10 分钟休息 5 分钟，两名同学可相互监督、指正。

要持续训练，养成规范的操作姿势。在以后的操作中，也要按此要求，严格规范。

训练项目 1 锯切

每人两个疙瘩咸菜，锯切成片，拉切成丝。要求丝长 8 厘米、粗 0.2 厘米、横断面要见方。

训练项目 2 跳切

每人两个白萝卜，直切成片，跳切成丝。要求丝长 6~8 厘米、粗 0.2 厘米、横断面要见方。

训练项目 3 姜拌藕

每人 350 克白莲藕、50 克姜。白莲藕推切成厚度为 0.15 厘米的圆薄片，姜推切成粗 0.2 厘米、横断面要见方的米粒状。

教师无需示范此菜具体的制作过程，只告诉学生如何焯水即可。至于如何做、调什么味，或任由学生个人自由发挥。但要注意成品后的学生互尝、互评，教师再作总结，学生自己写出相关体会。

切的阶段性考核

以个人为主体，逐一对学员进行单项考核，达不到要求者，不能进行下一活动。

项目 1 推切

每人一个青萝卜，推切切片、切丝，要求 0.2 厘米粗，横断面要见方。

考核日期__________ 考核项目__________

姓名	编号	姿势 20 分	动作 40 分	质量 20 分	技术 20 分	精神 +10 分	进度 –10 分	成绩	时间

项目 2 直切

每人 0.25 千克豆腐，直切切片、切丝，要求 0.3 厘米粗，横断面要见方。

考核日期＿＿＿＿＿＿ 考核项目＿＿＿＿＿＿

姓名	编号	姿势 20分	技术 20分	动作 40分	质量 20分	整体 +10分	进度 -10分	成绩	时间

项目3 滚切

每人一个地瓜，直切成滚料块，要求3.5厘米长。

考核日期＿＿＿＿＿＿ 考核项目＿＿＿＿＿＿

姓名	编号	姿势 20分	技术 20分	动作 40分	质量 20分	整体 +10分	进度 -10分	成绩	时间

学习活动3 片

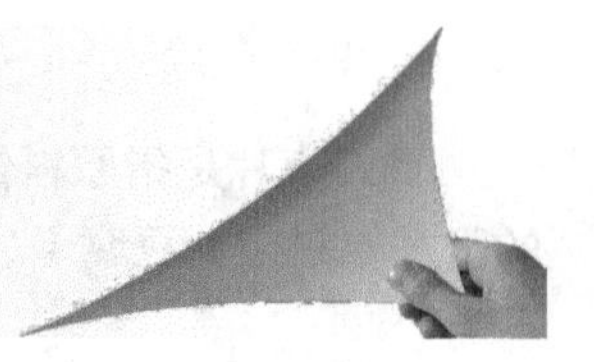

活动目标

1 掌握平刀片、锯刀片

2 熟悉反刀片、斜刀片

3 体会各种片法的技术技巧

4 体会各种片法的技术应用

活动描述

教师的重点在于各种切法的演示、讲解、分析及巡查、指导、纠正，主体为学生动手练习，可以好带次、流动性编组。原料以萝卜为主，肉类等为辅。活动课时为18课时。

活动过程

教师依内容进度分三次作统一的现场演示，重在各种切法的技术要领与动作要求。指导时注意引导学生多观察、多思考、多比较。先进行个体训练，再分组练习，分层次进行，并做阶段性考核。

教学项目 1 平刀片

本项目强调刀工操作姿势、持刀方法。重点解析平刀片的动作要领、左右手的配合、按料方法、刀体的运动状况等。

平刀法是指刀面与墩面接近平行或斜有一定的角度片进原料，一般适用于无骨的原料。可分为平刀片、推刀片、拉刀片、斜刀片、反刀片、抖刀片等几种。重点练习平刀片、锯刀片、斜刀片及反刀片。

平刀片是指刀与墩面或原料平行的片法，多用于无骨、质地软、柔、韧、脆、嫩等原料。平刀片可分为平刀直片、推刀片、拉刀片、锯刀片，重点练习平刀直片和锯刀片。

1. 平刀直片

平刀直片是指原料保持在刀刃的一个固定位置，平行推进，刀不能前后移动。多用于易碎软嫩的脆嫩原料，如豆腐干、鸡血等。此片法不常用，熟悉即可。但遇到相关原料时，应区分对待。

2. 锯刀片

锯刀片实际是推刀片和拉刀片的结合。根据原料性质的不同，锯刀片主要分为上片和下片两种。质脆嫩的原料多用上片，质软嫩的原料多用下片。

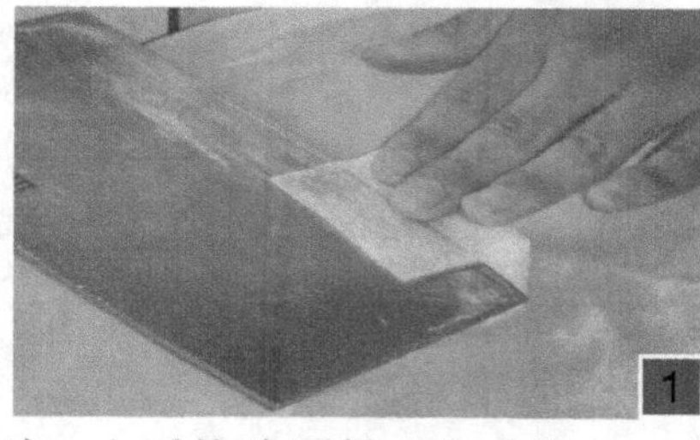

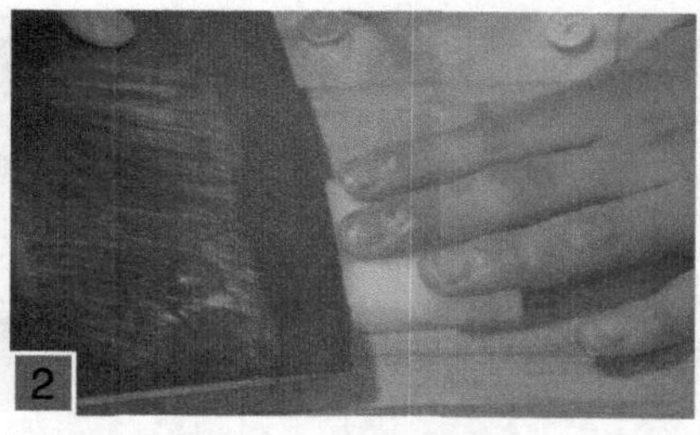

（1）上片　左手按稳原料，右手持刀，刀身与砧板板面呈平行状态，刀从原料的右侧片入，由右向左运动，可推刀片也可拉刀片，多为二者交替结合。

上片的操作要领：

● 左手按稳原料，但不要按得过重，力度以片时不移动为准。指间应分开一些，便于观察操作状况。

● 推片、拉片的次数不可过多，一般两个循环为宜。

● 片时的原料均匀程度取决于操作时的感觉，时刻依靠眼睛观察刀面上片下来的原料状况，适时调整。

（2）下片　先用斜刀或平刀片出原料的下平面，平面朝下。左手按稳原料，右手持刀，刀身与砧板板面呈平行状态，刀从原料的右侧片入，由右向左运动，可推刀片也可拉刀片，多为二者结合。

下片的操作要领：

● 左手按稳原料，但不要按得过重，以片时不移动为准。随着刀的深入，左手指可合拢，用掌心按住原料。

● 左手大拇指下按，右手食指将刀柄上抬，手腕、前臂用力使刀由右向左做平行运动。起片时以砧板的表面为依托从原料斜坡处确定片的厚度。

● 推、拉片的次数不可过多，一般两个循环为宜。

● 片时的原料均匀程度取决于操作时的感觉，依靠眼睛观察以适时调整。

● 刀入原料内后，眼睛根本看不到刀片出来的状况，只能靠感觉。左右两手感觉会很明显。

● 多数的鸡、鱼肉类原料切片、切丝均要用此刀法。

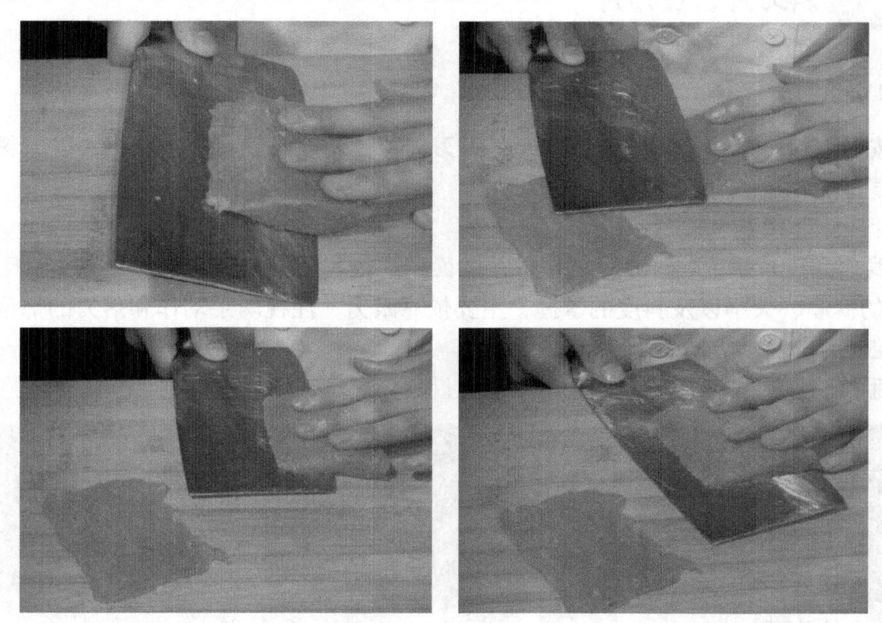

实践项目　平刀片训练

此训练的训练课时为12课时。

训练项目 1 锯刀片

每人一个青萝卜，片片切丝。要求丝长 6~8 厘米、粗 0.2 厘米、横断面见方。

训练项目 2 锯刀片

每人一个疙瘩咸菜，上片成片，推切成丝。要求丝长约 8 厘米、粗 0.2 厘米、横断面见方。

训练项目 3 锯刀片

每人 0.5 片猪条脊肉，下片成片，推切成丝。要求丝长 6~8 厘米、粗 0.2 厘米、横断面见方。

左侧图片显示的是用上片的方法片肉片。请片片看，与下片有何不同，哪种方法更好？片和切有共同点吗？

教学项目 2 斜刀片、反刀片

1. 斜刀片

左手按稳原料，右手持刀，刀背翘起，刀刃向左，角度略斜，片进原料，以原料表面靠近左手的部位向左下方移动。

斜刀片操作要领：

- 刀身斜角度片进原料，片成的块或片的面积，较其原料的横断面要大些，而且呈斜状。
- 片的薄厚、大小以及斜度的掌握，主要依靠眼力，注视两手动作和落刀的部位，同时右手要牢牢控制刀的运动方向。
- 左手按稳原料，刀片进原料一定深度后，顺势一拉，片下原料。

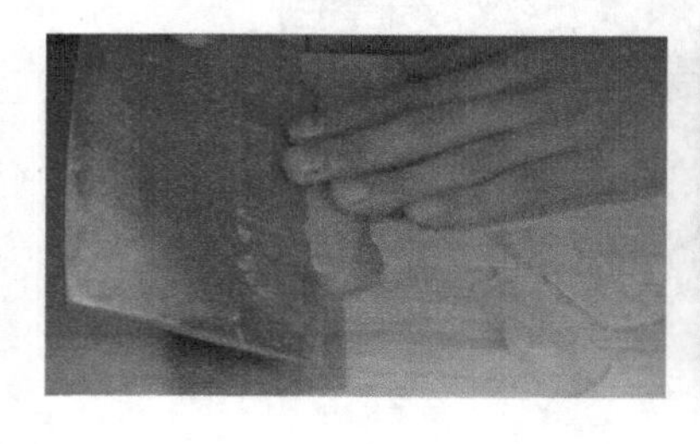

2. 反刀片

右手持刀，刀背向左，刀刃向右，刀身与砧板呈锐角，由内向外片进。

反刀片操作要领：

● 左手按稳原料，中指上部关节抵住刀身，刀紧贴指关节向右片进原料。

● 左手向后的每一次移动，都要掌握同等距离，使片下来的原料形状均匀一致。

片的阶段性考核

以个人为主体，逐一对学员进行单项考核，达不到要求者，不能进行下一活动。

项目1 上片

每人一块萝卜方，上片成片，跳切成丝。要求0.2厘米粗、8厘米长。

考核日期____________ 考核项目____________

姓名	编号	姿势 20分	技术 20分	动作 40分	质量 20分	整体 +10分	进度 -10分	成绩	时间
	1								
	2								
	3								

项目2 下片

每人0.25千克猪条脊肉，下片成片，推切成丝。要求0.2厘米粗、8厘米长。

考核日期____________ 考核项目____________

姓名	编号	姿势 20分	技术 20分	动作 30分	质量 20分	整体 10分	进度 10分	成绩	时间
	1								
	2								
	3								

学习活动 4
原料形状加工规范

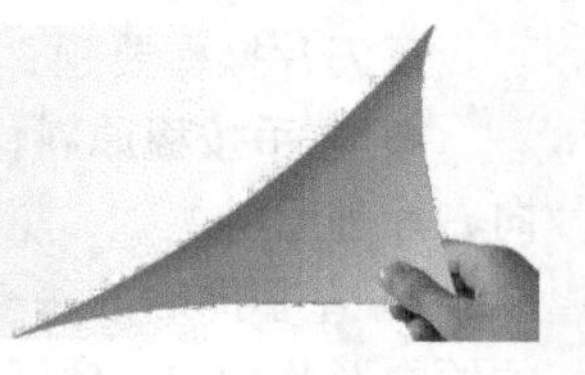

活动目标

1 体会原料形状加工的重要性

2 掌握各种形状加工时的加工工艺

3 增强学生对刀工的进一步认识

4 体会原料形状加工的标准化要求

活动描述

本次活动的重点人物是教师，通过菜肴演示及部分原料的成形工艺示范，分析与拆解原料形状加工的过程及标准化要求，必要时可让个别学生做一下现场操作，以期达到相应的活动目的。活动课时为 12 课时。

活动过程

教师选择 4 个合适的菜肴，做现场演示制作。重在体现原料成形的加工工艺，引起学生对刀工的重视，体会各种原料形状加工的过程、标准，体会原料成形的标准化要求及各种刀法的综合应用。学生总结思考，完成相应活动任务。

课前准备 养成良好习惯

学生排好队伍，依序到达指定位置，按实习分组编号跨列式站立，由组长检查各组学员出勤及准备情况，并打分记录在表。

姓名	编号	出勤 20 分	工装 30 分	抹布 20 分	队列 10 分	值日 10 分	指甲饰物 10 分	成绩	时间
	1								
	2								

◆ 教师核查学员准备情况，简要概括上次实习的优缺点，并布置本次教学任务。

◆ 分组按编号依序进入指定位置，准备开始上课。

教学项目　形状加工规范

通过教师演示、示范，填写下列图示菜肴的各项信息。

菜肴名称________________

主料名称________________

刀工成形________________

所用刀法________________

菜肴名称________________

主料名称________________

刀工成形________________

所用刀法________________

菜肴名称________________

主料名称________________

刀工成形________________

所用刀法________________

菜肴名称________________

主料名称________________

刀工成形________________

所用刀法________________

重 点

原料形状加工重点提示如下：

● 原料粗细薄厚要均匀，长短一致，用刀要轻重适宜，该断则断，该连则连。

● 视料用刀，轻重适宜，干净利落。原料性质不同，纹路不同，改刀必先视料。筋少、细嫩、易碎的原料，应顺纹路加工；筋多、质老的要顶纹路加工；质地一般的要斜纹路加工。如鸡肉应顺纹切，牛肉则需横纹切。

● 加工时要注意主辅料形状的配合和原料的合理利用。

一般是辅料服从主料，丝对丝，片对片，辅料的形状略小于主料。用料时要周密计划，量材使用，尽可能做到大材大用，小材小用，细料细用，粗料巧用。尤其是大料改小料，原材料中只选用其中的某些部位，在这种情况下，对暂时用不着的剩余原料，要巧妙安排，合理利用。

● 刀工处理须服从菜肴烹饪所采用的烹饪方法。如炒、油爆使用猛火，时间短，入味快，原料要切得小、薄或打花刀；炖、焖火力较慢，时间较长，原料可切得大或厚些。

1. 块的加工与应用

<table>
<tr><th>类别</th><th colspan="3">标准要求</th><th>刀法</th><th>加工方法</th><th>适用原料</th></tr>
<tr><td rowspan="2">正方块</td><td>小方块</td><td>1.5 厘米见方</td><td rowspan="2">边长相等</td><td rowspan="3">直切</td><td rowspan="3">原料→厚片→条→方块</td><td rowspan="3">脆嫩、软嫩的动植物原料</td></tr>
<tr><td>大方块</td><td>2 厘米见方</td></tr>
<tr><td>长方块</td><td colspan="3">长、宽、厚分别为 4 厘米、1.5 厘米、0.8 厘米</td></tr>
<tr><td>滚料块</td><td colspan="3">长、宽、厚分别为 2.5 厘米、1.5 厘米、1.5 厘米，不规则但形体大小一致的三棱体</td><td>滚切</td><td>下刀的同时摆动或转动原料</td><td>圆柱形、椭圆形原料</td></tr>
<tr><td rowspan="2">菱形块</td><td>大菱形块</td><td>（对角线）长、宽、厚分别为 3 厘米、2 厘米、1.5 厘米</td><td rowspan="2">边长相等</td><td rowspan="2">直切
斜切</td><td rowspan="2">原料切成厚片，再直切成粗条，再用刀与原料呈 35° 角改成块</td><td rowspan="2">脆、软类原料</td></tr>
<tr><td>小菱形块</td><td>（对角线）长、宽、厚分别为 1.5 厘米、0.8 厘米、0.8 厘米</td></tr>
</table>

重点提示

◆ 块多用切、剁、砍等刀法加工而成，切者居多。形体较厚、质地较老及带骨的原料采用剁、砍的方法，如排骨等。

◆ 块的形状大小取决于刀距的宽窄，但原料所成块形的刀口应相同。

◆ 块多用于烧、焖、煨、溜及炒等。烧、焖、煨时，块形可稍大一些；溜、炒时，块形可小一些。对于某些块形较大的，应在成块前两面扞刀，以便入味。

2. 片的加工与应用

类别	标准要求	先期形状	刀法	加工方法	适用原料
长方片	长、宽、厚分别为 4.5 厘米、1.5 厘米、0.2 厘米	长方块	切	先切长方块， 再改切成片	脆嫩、软嫩 的动植物原料
菱形片	长、宽、厚分别为 3.5 厘米、1.5 厘米、0.2 厘米	菱形块	直切、 斜切	先切菱形块， 再改切成片	脆、软类的 动植物原料
柳叶片	长 3~5 厘米、宽 1~1.5 厘米、厚 0.2~0.3 厘米， 两头尖、又窄又长的弧形片		直切	一剖为二，再呈一 定角度改切成片	长圆形原料， 如火腿肠、黄瓜等
月牙片	厚度为 0.2~0.4 厘米，状似月牙		直切、 挖	顺长切两半，再挖 瓤横切成片	圆柱形、球形体的 原料
夹刀片	两片为一组，一端开，另一端相连。 单片厚度为 0.2~0.3 厘米		直切、 片	第一刀不切断，第 二刀断开	扁平和有一定脆硬 度的原料
抹刀片	长、宽、厚分别为 4.5 厘米、2.5 厘米、0.2 厘米		抹刀片	刀与原料呈 30° 角片成片	主要用于鱼类的 加工
梳子片	先将原料切成 4.5 厘米、2.5 厘米、0.2 厘米的片，再在片的一边切 0.2 厘米见方的丝，像梳牙，另一边长 0.8 厘米不切断，似梳背				软性的原料 如里脊肉等

重点提示

● 净肉质料，一般顶刀切片；蔬菜、瓜果类原料，采用直切、推切的方法，如土豆片、黄瓜片、冬瓜片等。质地较松软、形状较扁薄的原料，采用推、拉刀片的方法，如鸡、鱼、肉片等。

● 体长形圆且不易按稳的原料，宜用削的方法，如茄子片、苹果片等。

● 质地松软、容易碎散的原料（如鱼片、豆腐片等）要厚一些，质地较硬或带有韧性或脆性的原料（如鸡片、肉片、笋片、榨菜片等）则宜略薄一些。

● 注意原料的纤维纹理方向，较老的逆向，如牛肉片、笋片等；嫩的应顺向，如鱼片；片的切面应光滑，片体均匀，厚薄一致，宽长相等。

● 待氽的片要薄一些，爆、熘、炒的片可稍厚一些。

● 片的加工成形主要用切、片、削等方法。厚度在 0.3 厘米以上的为厚片，0.3 厘米以内的为薄片。

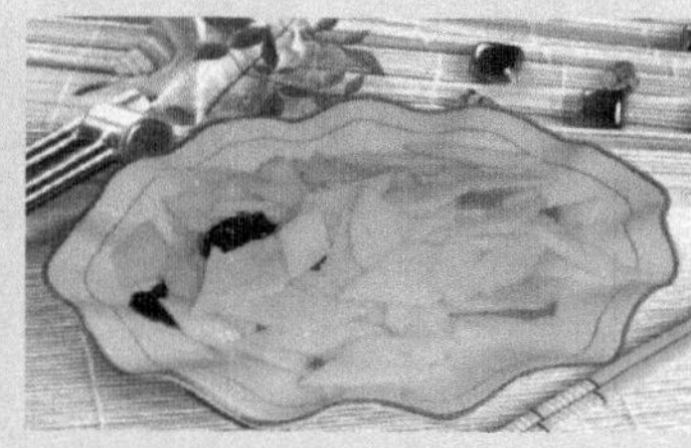

3. 丝的加工与应用

类别	标准要求	加工方法	适用原料
粗丝	长 5~6 厘米，粗 0.3 厘米	先将原料顺纤维切成片，再将片整齐地码放成形，顺刀顺纤维切成丝	收缩率大或易碎的原料
中丝	长 5~6 厘米，粗 0.2 厘米		收缩率小、具有韧性或脆性的原料
细丝	长 5~6 厘米 粗 0.15 厘米		富含植物纤维的植物性原料

切丝时先将原料切成片，再用推切、拉切或锯切加工成丝。

切丝时原料的排叠方法：

1）瓦楞形叠法：原料铺成整齐的瓦楞形。

2）砌砖形叠法：原料叠成方正的墩。

3）卷筒形叠法：用于薄而韧的大张原料，卷成柱形。

重点提示

● 片的厚薄要均匀，长短基本一致。

● 片的排叠要整齐，切时不能滑动。

● 左手按稳原料，刀距要均匀。

● 根据原料的性质决定丝的方向（横切、顺切、斜切）。

● 丝的应用：丝的粗细决定于原料的性质和烹饪的需要，一般是坚硬或韧性强的可切细一些，脆的、软的较易断碎，可切粗一点。例如，鸡丝因肉质较嫩，故切成中丝。

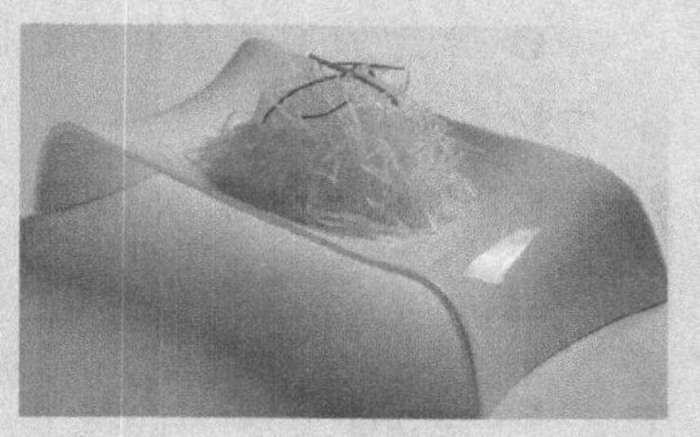

4. 条的加工与应用

类别	标准要求			加工方法	适用原料
手指条	粗 1.5 厘米	横断面为方形	长 5~8 厘米	先将原料切成较厚些的片或段后，再改切成条	具有一定韧性、软的、脆性的动植物原料
一字条	粗 1 厘米				
筷子条	粗 0. 5 厘米				
象牙条	条的一端呈尖形，似象牙状				圆锥形的植物原料

条的刀工主要用直刀法中的切、平刀法中的片、斜刀法中的正反刀片及剁、批等。

1）条的长短、粗细视原料的形状、大小及菜肴制作需要而定，尽量使原料的利用率大一些。下刀前可测算一下，再改刀。

2）很多圆形或柱状的原料切条时可利用原料的天然外弧状。

5. 段的加工与应用

类别	标准要求		加工方法	适用原料
大段	长 8 厘米	直段或斜段	管状原料用斜刀法	动物性和带骨的鱼类加工
小段	长 3.5 厘米		柱形原料用直刀法	植物性原料加工

不管是加工的方法还是段的尺寸标准，并没有严格的界限概念。一般是把段看成长条形，至于段的大小与长短则没有严格限制，主要根据烹饪菜肴的需要而定。

6. 丁、粒、末的加工与应用

类别		标准要求	加工方法	适用原料
方丁	大方丁	1.2 厘米见方	先将原料切或片成厚片，两面扦刀，然后切成条，最后改切成丁	软、略有韧性的动物性原料
	小方丁	0.8 厘米见方		
丁片	大丁片	边长 1.2 厘米 厚 0.3 厘米	先将原料切成厚片，再切成长条，然后顶刀切成丁片	脆性的植物性原料
	小丁片	边长 1 厘米 厚 0.2 厘米		
粒	豌豆粒	0.5 厘米见方	原料切成相应厚度的片，再切成同标准的丝，然后顶刀切成粒	多种原料
	绿豆粒	0.3 厘米见方		
	米粒	0.1 厘米见方		
末	大末	0.2 厘米见方	1）将原料切成薄片，再切成同标准的丝，然后顶刀切成末 2）将原料拍碎或切成粒，再剁成末	
	细末	0.1 厘米见方		

实践项目　形状加工规范训练

1. 每人两个青萝卜，先片片，再切丝，最后再切成大末。要求 0.2 厘米粗、8 厘米长。
2. 每人一个青萝卜，改刀成小丁片。要求 0.2 厘米厚、1 厘米见方。
3. 每人一个青萝卜，改刀成菱形片。要求 0.2 厘米厚、3.5 厘米长、1.5 厘米宽。
4. 每人 0.5 千克猪条脊肉，片片切丝。要求 0.2 厘米粗、8 厘米长。
5. 每人 0.5 千克鸡脯肉，片片切丝。要求 0.2 厘米粗、6 厘米长。

在此实践项目中，老师要加强引导，营造适宜的学习氛围。每次练习，都要有新的或更高的技术动作要求，同时要注意强化和巩固已学的技术动作，而不是简单的重复。引导学生主动思考和改善所完成技术动作的质量。巡回指导过程中，细致观察、抓住典型错误的技术动作，深入剖析，予以及时地纠正改善。

学生训练时，要知道自己的动作做得对或不对，效果如何。要把符合技术要求的动作保留和巩固下来，纠正、抑制错误动作，提高实训效率。

形状加工的阶段性考核

以个人为主体，逐一对学员进行单项考核，达不到要求者，不能进行下一活动。

1. 每人一个土豆，片片切丝。要求 0.2 厘米粗、8 厘米长。

考核日期＿＿＿＿＿＿　考核项目＿＿＿＿＿＿

姓名	编号	姿势 20 分	技术 20 分	动作 30 分	质量 10 分	整体 10 分	进度 10 分	成绩	时间
	1								
	2								
	3								

2. 每人 0.25 千克猪条脊肉，下片成片，推切成丝。要求 0.2 厘米粗、8 厘米长。

考核日期____________ 考核项目____________

姓名	编号	姿势 20 分	技术 20 分	动作 30 分	质量 10 分	整体 10 分	进度 10 分	成绩	时间
	1								
	2								
	3								

学习活动 5 刀工技能应用

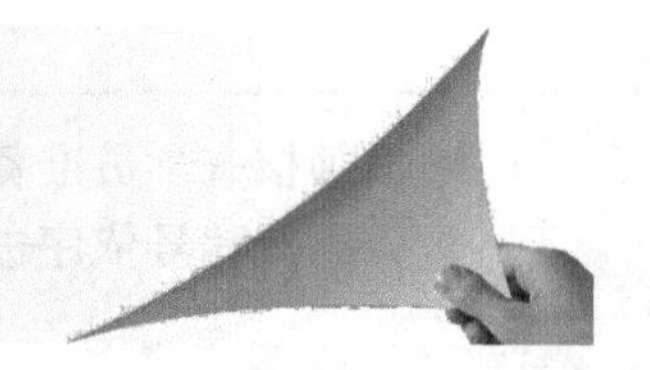

活动目标

1 认知刀工的重要性

2 初步掌握刀工技能的综合应用

3 结合菜肴，体会刀工对菜肴的影响

4 巩固前四项活动的内容，学以致用

活动描述

教师以案例为出发点，对其所用的刀工技能进行分析、拆解和示范，引述刀工的重要性及其综合应用。学生通过训练，进一步提升刀工水平，深刻认识学好刀工的重要性。活动课时为 18 课时。

活动过程

教师选 3 个菜肴案例，分三次现场演示制作。重在刀工的重要性及其对菜肴的影响，进一步激发学生的刀工训练热情。学生针对案例中所体现的综合刀工技能进行针对性训练。

课前准备 养成良好习惯

学生排好队伍，依序到达指定位置，按实习分组编号跨列式站立，由组长检查各组学员出勤及准备情况，并予以打分，记录在表。

姓名	编号	出勤 20 分	工装 30 分	抹布 20 分	队列 10 分	值日 10 分	指甲饰物 10 分	成绩	时间
	1								
	2								

◆ 教师核查学员准备情况，简要概括上次实习的优缺点，并布置本次教学任务。

◆ 分组按编号依序进入指定位置，准备开始上课。

教学项目 刀工技能应用

本项目是通过教师演示、示范菜肴案例。

菜肴案例 1 爆炒腰花

此菜起名为爆炒腰花，就足以体现“花”的重要性。此花非自然之花，而是经厨师之手巧变而来。如何变的，是选此案例的重点所在。

切腰花是此菜能否成功的关键所在，是考验厨师刀工水平的标志性技术。既要把猪腰切出深浅合适的花纹，又不能切断。进一步处理之后的腰花像近熟的麦穗一样，活灵活现，需要一番真功夫。

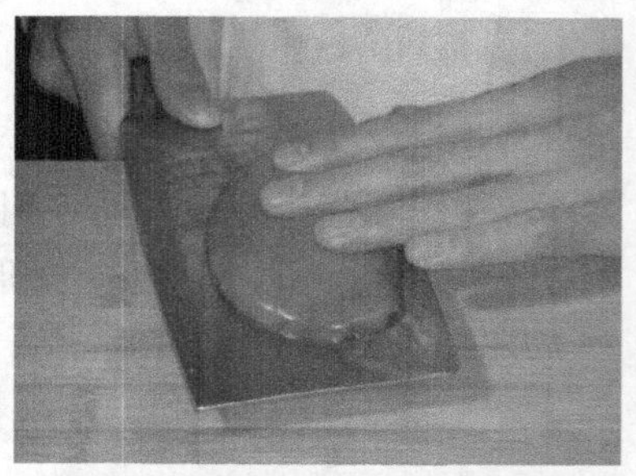

爆炒腰花刀工操作步骤如下：

1）新鲜猪腰去膜洗净后，用平刀片的方法由中间一分为二。片时不要片偏，最好一刀片开。

2）再用平刀片片去腰臊，洗净。片时要将腰臊片彻底，且应使片切面平整。

3）将腰肉面朝上，置于砧板上，与身体呈 45° 角，由腰片右上角开始，用反刀片法，每隔 0.8 厘米下刀，片至腰肉四分之三深，不要片断。

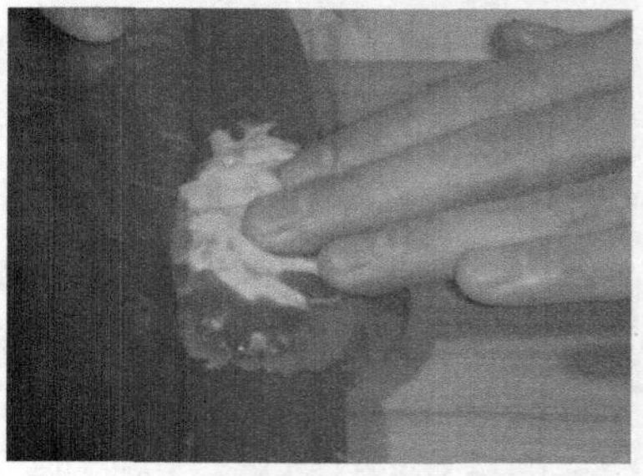

4）将片后的腰片掉转 90° ，片纹斜面朝前。由右上角开始，用推刀切法，与斜刀纹交叉呈直角，每隔 0.2 厘米下刀，片至腰肉四分之三深，不要切断。

5）用推切或拉切的方法，沿直刀纹口每隔 3 厘米切断，成大块状。

请思考一下，给此种综合刀法起个名字：________________________________

你吃过爆炒素腰花吗？用的原料是什么？如何进行刀工处理？

菜肴案例 2　菊花鱼

“不是花中偏爱菊，此花开尽更无花。”菊花品质高洁，自然纯厚，天然之美自不必言说。而择食料，经厨师之手，用技术和心血赋以菊花之型，栩栩如生，实是令人叹服。

菊花鱼是菊花还是鱼呢，是菜，是美食，更是艺术品。其技术含量甚高，集原料选择、刀工处理、糊粉处理、火候掌握、油温控制、调味勾芡等技能于一体，而刀工处理则是此菜的重中之重。

菊花鱼刀工操作步骤如下：

1）黑鱼去鳞、去内脏后洗净。顺置于身前墩面上。用平刀片法沿鱼背部脊骨由头至尾划开一刀纹，深 2 厘米。

2）用推切法在鱼尾部切一刀口，深至鱼脊骨。由此刀口处入刀，用锯刀片法紧贴鱼脊骨片入，与背部刀口相重合。

3）在片至鱼腮处的过程中，锯刀片、平刀片相结合，须刀始终与鱼脊骨贴合。左手按鱼时要稳，可以抹布辅助。

4）片至鱼鳃处后，撤刀，改用推切法，在鱼头、鱼身相接处切一刀口，深至鱼脊骨，取下整扇带刺的鱼肉。

5）用斜刀片法由鱼尾刺骨处入刀，紧贴鱼刺排片入。

6）将鱼刺腹片下。

7）将带皮的鱼肉平铺于砧板上。

8）用斜刀片法由鱼肉尾部片出一斜平刀口，坡度要尽可能大，约与砧板面呈 15° 角。

9）继续保持同一角度，用斜刀片法入刀，厚度为 0.2 厘米。均片至鱼皮，不要切断。

10）片 4~5 片后，最后一刀切断。呈一鱼块状。

11）将鱼块调整一定角度，用推切刀与斜刀纹成 90° 角切下，鱼肉部位切断，鱼皮部位相连，不切断。刀距为 0.2 厘米。

12）连续推切，直至整块鱼肉切完。两边短的可切去，另作他用。

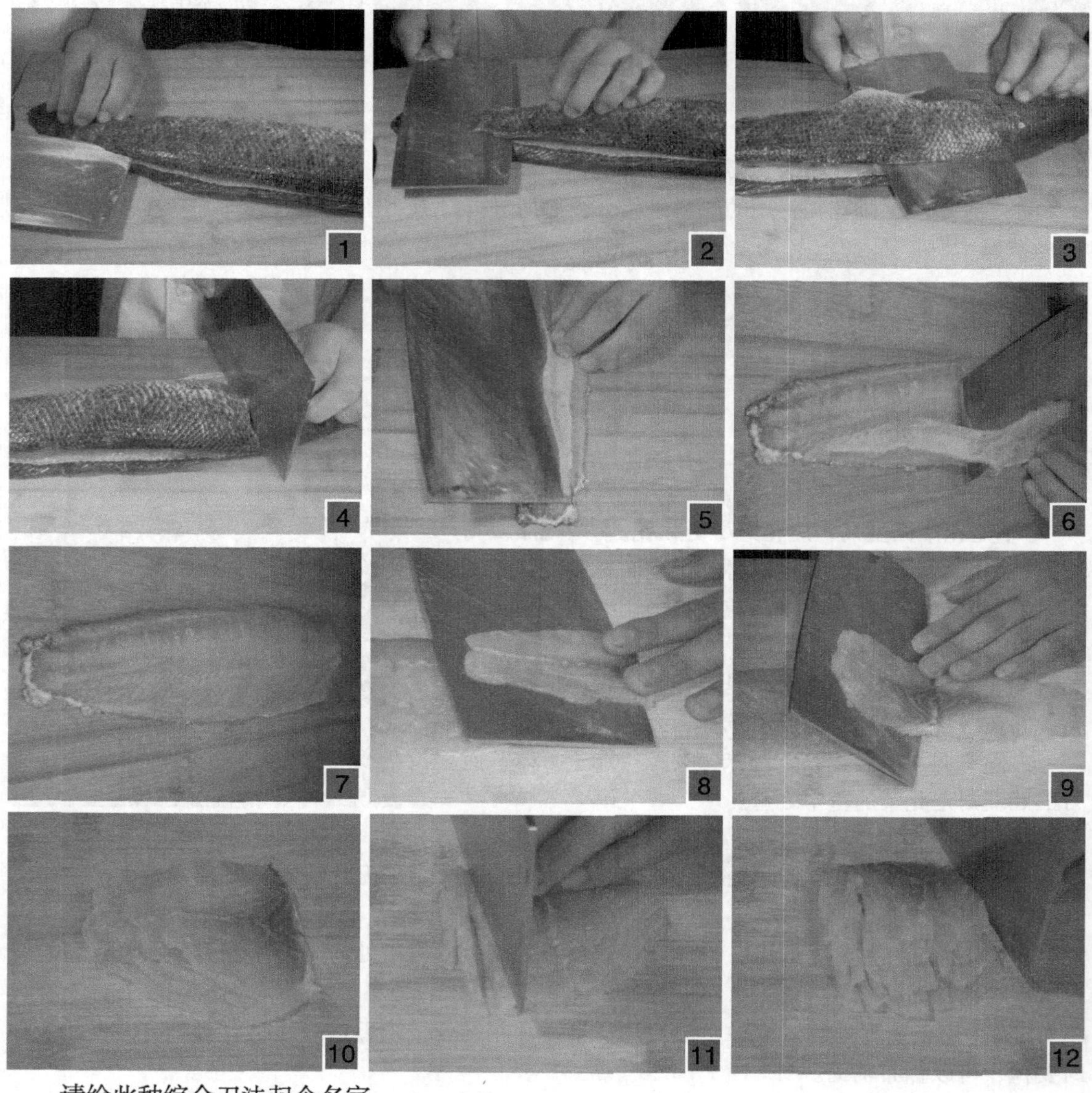

请给此种综合刀法起个名字：________________________________

还有哪些原料可以用此综合方法处理？

菜肴案例3 芫爆鱿鱼卷

刀法的综合应用变化万千。只有在熟练掌握各种基础刀法的前提下，才有可能达到综合应用所应呈现出来的效果。

同一种刀法，从原料的不同角度施用，深浅适度，厚薄适度，宽窄适度，大小适度，便会呈现出你想要的效果。

请您根据教师的演示、示范，写出此菜主料的刀工处理过程。

实践项目 花刀训练

1. 每人两个青萝卜，麦穗花刀训练。刀距0.2厘米。
2. 每人四根黄瓜，蓑衣花刀训练。刀距0.2厘米。
3. 两人一个冬瓜，菊花花刀训练。刀距0.2厘米。
4. 每人一个青萝卜，卷形花刀训练。刀距0.2厘米。
5. 请写出您对刀工综合应用的理解及感想。

刀工技能应用的阶段性考核

以个人为主体，逐一对学员进行单项考核，达不到要求者，不能进行下一活动。

1. 四人一条草鱼，菊花花刀考核。要求刀距 0.2 厘米。

考核日期＿＿＿＿＿＿ 考核项目＿＿＿＿＿＿

姓名	编号	姿势 20 分	技术 20 分	动作 30 分	质量 10 分	整体 10 分	进度 10 分	成绩	时间
	1								
	2								
	3								

2. 每人一个猪腰，麦穗花刀考核。要求刀距 0.2 厘米。

考核日期＿＿＿＿＿＿ 考核项目＿＿＿＿＿＿

姓名	编号	姿势 20 分	技术 20 分	动作 30 分	质量 10 分	整体 10 分	进度 10 分	成绩	时间
	1								
	2								
	3								

学习笔记

通过技能训练、观看教师演示等的学习，相信你已对刀法有了深刻的理解，并已具备了相应的刀工技能。请认真思考、总结，完成以下学习心得：

1. 刀工就是简单的切菜吗？

2. 简述厨师刀工的重要性。

3. 如何将刀工学以致用？

学有所获

1. 砧板使用后应清洗干净，并（　　）在案板上。

A. 平放　　B. 倒放　　C. 斜放　　D. 立放

2. 刀工主要是对完整原料进行分解切割，使之成为（　　）所需要的基本形体。

A. 菜肴　　B. 单独　　C. 组配菜肴　　D. 烹饪

3. 不使用刀具时，应将刀具放在安全、洁净、干燥的刀具架上或刀具柜内，这样既能防止生锈，又能避免刀刃损伤或（　　）。

A. 防止污染　　B. 伤及他人　　C. 避免细菌滋生　　D. 防止意外

4. 平刀片一般适用于（　　）原料。

A. 圆形　　B. 糕状　　C. 加工　　D. 软嫩

5. 斜刀法刀左侧与墩面的角度一般是（　　）。

A. 50° ~ 60°　　B. 40° ~ 50°　　C. 70° ~ 80°　　D. 130° ~ 140°

6. 锯切是推切和（　　）的结合。

A. 拉切　　B. 铡切　　C. 剁　　D. 直切

7. 取鱼的内脏方法中，其中一种是将鱼的腹部剖开或（　　）取出。

A. 尾部剖口　　B. 脊部剖口　　C. 背部剖口　　D. 小腹剖口

8. 木质的新砧板在使用前应先用（　　）浸泡。

A. 盐水　　B. 碱水　　C. 醋水　　D. 清水

9. 花刀扩大了原料的体表面积，便于原料中（　　）。

A. 营养素的保存　　B. 质地的改变　　C. 异味的散发　　D. 香味的保存

10. 麦穗花刀的剞刀深度约至（　　）厚度、刀距约为 2mm 的平行刀纹。

A. 深约 1/4　　B. 深约 1/2　　C. 深约 3/4　　D. 深约 1/3

11. 我国厨师加工原料时，讲究大小、粗细、厚薄一致，所以（　　）是制作菜肴的一个很重要的环节。

A. 调味　　B. 选料　　C. 刀工　　D. 配菜

12. “糖醋鲤鱼”所用的刀法为（　　）。

A. 十字花刀　　B. 牡丹花刀　　C. 菊花花刀　　D. 卷形花刀

13. 完全成熟的番茄去皮适宜采用的方法是（　　）。

A. 手工刀削去皮　　B. 沸水烫去皮　　C. 碱水去皮　　D. 机器去皮

14. 螃蟹的切割一般采用的刀法是（　　）。

A. 铡切　　B. 推切　　C. 跳切　　D. 锯切

15. 刀工训练时很多同学切到了手，主要原因是左手与右手（　　）引起的。

A. 离得太远　　B. 离得太近　　C. 配合不好　　D. 姿势不好

16. 不管是酒店还是学校实习室，对刀具的管理均十分严格。每次工作结束或实习完毕后，均要（　　）管理。

A. 专人　　B. 统一　　C. 交保管员　　D. 个人

阶段性考核评价

组别________ 姓名________

评价项目	评价内容	评价等级（组评 学生自评）		
		A	B	C
职业素养	仪容仪表，卫生清理			
	责任安全，节约意识			
	遵守纪律，服从管理			
	团队协作，自主学习			
	活动态度，主动意识			
专业能力	任务明确，准备充分			
	目标达成，操作规范			
	工具设备，使用规范			
	个体操作，符合要求			
	技术应用，创造意识			
小组总评		组长签名： 年 月 日		
教师总评		教师签名： 年 月 日		

4 学习任务 4

调　　味

任务流程

1 学习活动 1　调味品认知

2 学习活动 2　香料油的调制与应用

3 学习活动 3　常用味型的调制与应用

任务目标

1　熟悉常用调味品的使用方法

2　掌握辣椒油、花椒油、葱油的调制方法

3　掌握常用味型的调制及其应用

4　结合案例，体会调味的综合应用

建议课时

30 课时。实际用时＿＿＿＿＿课时

任务描述

味是菜肴之灵魂，而其调制的方法及过程复杂多样，丰富多变。能根据菜肴的味型要求，恰当择取相关调味品的正确使用方法，准确调味，是对厨师的高标准、严要求。

学习活动 1
调味品认知

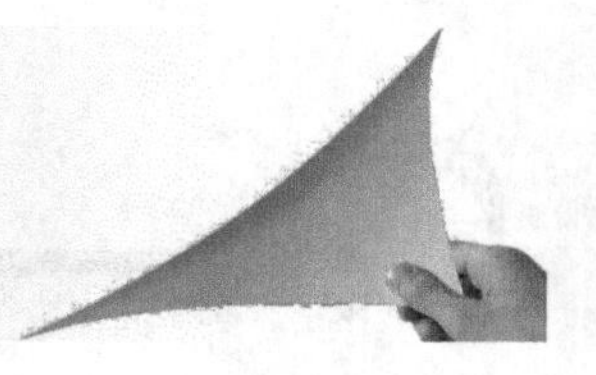

活动目标

1 熟悉食盐的使用方法及其应用

2 熟悉常用调味品的使用方法及其应用

3 熟悉调味品的重量与体积状态对比

4 启发思维，为下一步活动打好基础

活动描述

此活动由学生在教师指导下自主完成。学生通过预习完成活动中的任务内容。对于在以后活动中实际应用到的某些内容，教师可重点提示并进行相关的重复学习，也可结合菜肴个案，进行讲解、分析。

活动过程

教师可提前布置预习任务，学生自行学习、结合相关的实践性理论知识，仔细研读，认真思考。对于拓展性的内容，可以相互探讨或以小组学习形式一并完成任务。教师督促、核检。

预习任务 1 认知盐的相关知识

根据有关盐的相关知识，完成以下任务：

1）有些酒店的原味汤里面什么调味品都不加，品过的食客都叫好，原因可能是（　　）。

A. 利用食材本身的味道　B. 符合健康的饮食理念

C. 利用高超的烹饪手法　D. 食客喜好不同

2）烹饪菜肴时，晚放盐比早放盐用的盐量要（　　）。

A. 多　　B. 少　　C. 一样　　D. 可多可少

3）盐是百味之王，是说盐的王者地位。厨师一把盐，是说厨师用盐之（　　）。

A. 技术　　B. 技巧　　C. 数量　　D. 分寸

4）烹饪酸辣土豆丝时，放盐的时机最好是（　　）。

A. 原料加热前　　B. 加热过程中　　C. 原料加热后　　D. 都可以

5）有些厨师烹饪拔丝地瓜炒糖汁时会加一点盐，有道理吗？（　　）。

A. 微量盐可增加甜味　　B. 可使糖化得均匀　　C. 没道理　　D. 会使糖化得快一些

6）烹饪土豆炖排骨时，盐应如何放？（　　）。

A. 加热前　　B. 加热后　　C. 加热中　　D. 加热中和出锅前两次

7）有些人烹饪“芹菜炒肉丝”时不加盐，为什么？请作简要分析。

盐的使用方法：

1）凉拌菜、快炒蔬菜、快速成菜的菜肴，盐之咸味往往局限在菜的表面而不要求味入内里，盐的用量可适度减少。

2）烹饪本味浓厚且要突出的原料，如番茄、芹菜、香菜、茼蒿、洋葱之类，可少放甚至不放盐。

3）挂糊炸制后调汁成菜、原料挂糊上浆前要调以基本的咸味。挂糊炸制直接成菜，挂糊前味要加足，确定菜肴的咸味。

4）快速炒制的蔬菜类，可将盐放入热油中，有利于保持蔬菜的色泽和解除油中的黄曲霉素；快速炒制的荤菜类，多在加热过程中加盐。

5）长时间加热的菜肴，特别是炖、焖、烧等，可以在加热时放二分之一的盐，剩余的出锅前再放。

6）至于放盐的数量，厨师不是记住要放多少盐，而是记住菜肴之味，据味加盐。菜肴不同、原料不同，加盐的数量不同。就单份菜肴而言，盐的数量是有规范标准的，应依标准而行。

7）咸味中加入糖，可使咸味减弱。甜味中加入微量咸味，可增加甜味；咸味中加入味精可使咸味缓和，味精中加入少量盐，可以提升味精的鲜度；咸味中加入微量醋，可使咸味增强，加入醋量较多时，可使咸味减弱。

8）酱油、甜面酱、泡椒、豆豉、豆瓣酱、蚝油等调味料本身具有咸味，放盐时应充分考虑这些调味品的存在。

预习任务 2 认知常用调味品的相关知识

根据常用调味品的相关知识，完成以下任务：

1）需要突出醋香味的菜肴，醋的放入方法应为（　　）。

A. 烹醋　B. 加热过程中放醋　C. 出锅前放醋　D. 出锅后加醋

2）要求色泽红亮的菜肴（如用老抽提色），应（　　）。

A. 炝锅烹制　B. 加热过程中调入　C. 出锅前放入　D. 随意

3）下列菜肴中，可用鸡精调鲜味的是（　　）。

A. 芹菜炒肉丝　B. 醋溜土豆丝　C. 韭菜炒鸡蛋　D. 清炒菠菜

4）制作酱爆鸡丁时，料酒应在（　　）放入。

A. 在出锅前　B. 在加热过程中　C. 炝锅烹入　D. 随意

5）根据常用调味品的相关知识，您觉得烹饪爆炒腰花时，（　　）放糖。

A. 应该　B. 可以　C. 不应该　D. 不可以

6）老抽的主要作用是（　　）。

A. 调味　B. 调色　C. 调香　D. 调质

7）烹饪蚝油生菜时，蚝油应在（　　）放入。

A. 出锅前　B. 加热过程中　C. 炝锅沸炒时　D. 刚烹入时

8）调味品的选择与使用，主要的依据是（　　）。

A. 菜肴的质量要求　B. 菜肴的色彩口味

C. 厨师的工作经验　D. 食者的不同需求

1. 醋的使用方法

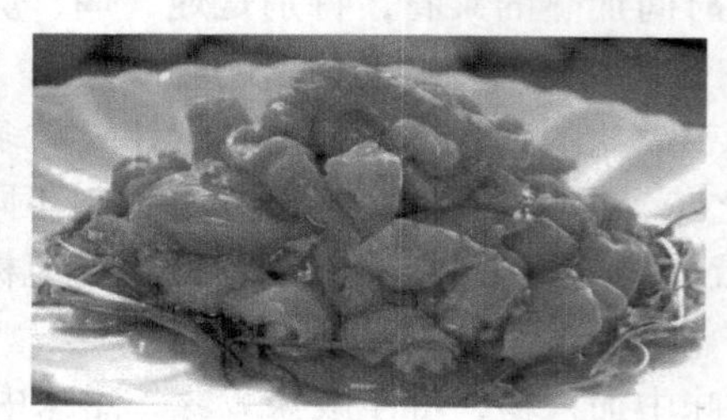

1）需要有酸味且要有醋香味的菜肴，须在炝锅后烹醋，且醋量要足，例如酸辣土豆丝、爆炒腰花等。烹醋时油温要在三成热以上。

2）做菜用醋多为米醋。深海鱼类可用香醋，吃饺子最好是陈醋或香醋，凉拌菜用陈醋比米醋要好吃，吃螃蟹、虾等最好用香醋。

3）烹饪海鲜、禽畜的内脏和鱼类菜肴时可加适量的醋，以除腥增香。调味时须酸而色泽纯净的菜肴可用白醋。若感觉太辣可加少许醋，辣味即减少。

4）醋的酸味可用某些本身带有酸味成分的原料来提味，如柠檬、西红柿等。若酸味不够，多用白醋调和，如柠檬蒸滑鸡等。

2. 酱油的使用方法

酱油一般按照颜色来分类，可以分为生抽和老抽。

1）生抽颜色较淡，吃来较咸，腌料、炒菜及凉菜用得多。做鱼类热菜时，可以鱼露代之，可增其鲜味。

2）老抽加入了焦糖色，颜色很深，具酱香味，吃来鲜美微甜，主要用于食品着色、丰富菜肴色彩。

3）如果用的数量较大，可采取沸烹的方式放入；若量少，则直接放入。如果要用酱油使原料上色，则应炝锅或加汤后放入。

4）生抽中的烹饪酱油和凉拌酱油不要混用。凉拌酱油可以直接入口，主要用于凉拌及佐餐味料；烹饪酱油不能直接入口，主要用于烹饪炒菜，但尽量少用酱油。

3. 味精、白糖的使用方法

1）味精、鸡精多在出锅前放入。

高汤烹饪的菜肴、酸性强的菜肴，如糖醋、醋溜菜等不宜使用味精。

鸡精适宜素菜，荤菜不必用，凉拌菜要用，但应先溶解。

2）白糖主要分为砂白糖和绵白糖两种，绵白糖的质量较好，但用砂白糖居多。凡需要突出甜味的菜肴多以白糖调味。

3）白糖能缓和辣味的刺激，增加咸味的鲜醇。故多数辣味菜肴多调以适量的白糖提味增鲜。

4）制作酸味菜肴时，可加入少量白糖，以缓和酸味，如醋熘菜肴、酸辣汤、酸菜鱼等。否则，成品寡酸不利口。

4. 料酒的使用方法

1）理论上讲，啤酒、白酒、黄酒、葡萄酒、威士忌等都能作为料酒，以黄酒为最佳。能去腥膻、增添鲜味，还能把原料固有的香气诱导、挥发出来，丰富菜肴香气。烹饪肉、禽、蛋等菜肴时，调入黄酒能渗透到食物组织内部，溶解微量的有机物质，令菜肴质地松嫩。

2）烧制鱼、羊等荤菜时，锅内温度最高时放入适量的料酒，可以借料酒的蒸发除去腥膻等异味。腌荤料时也可放料酒。

3）煸肉要在肉煸好后烹入料酒；烧鱼应在鱼煎好后烹入料酒；炒虾仁最好在炒熟后烹入料酒；汤类多在小火炖、煨时烹入料酒。

4）白酒、啤酒、红酒等即可作为调料，也可作为溶解剂、汤料使用，直接放入即可。

5. 蚝油的使用方法

1）蚝油是由牡蛎的肉煮熟、取汁、浓缩，再加上其他辅料加工而成，醇香中透露着些许甜味，为鲜味调料，凡是要呈现咸鲜味的菜肴均可用蚝油调味。

2）蚝油做芡汁时，不能直接上芡，应先用高汤稀释，在菜肴八成熟时下锅最好，较易显色且蚝味香浓。

3）蚝油适合烹饪多种食材，调拌各种面食，既可直接作为调料蘸食，也可用于焖、炒等多种烹饪方法，但加热时间不宜太长。快炒菜肴可在炝锅时放入；焖制菜肴时，宜用中、小火。

4）蚝油腌制食原料时，其鲜味会渗透至原料内部，去除其腥味，补充原味的不足，令其酱味香浓，丰富口感、质感。

实践项目　调味品重量识别的训练

以组为单位，准备一个电子秤、多种常用调味品，进行调味品重量识别训练。

1）用一小匙勺，反复量取10克盐、酱油、料酒、醋等，找到并记住体积与重量相适宜的状态。

2）准备10种常见、常用的调味品，按调味品的放置要求，将各种调味品规范放置。

3）1千克开水内一点一点加盐，直到自己觉得口感舒服浓淡相宜，记住此时盐的数量。至少练习十遍，强化调味的基本功。

学习活动2
香料油的调制与应用

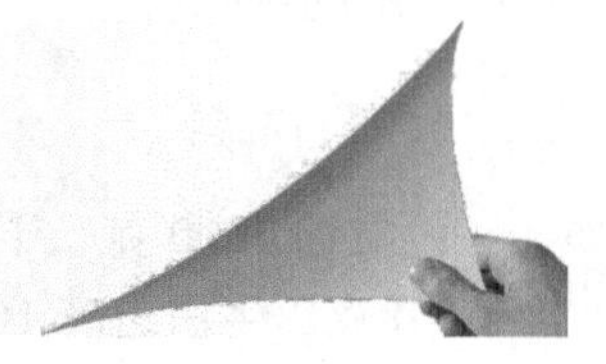

活动目标

1	掌握辣椒油的调制方法与应用
2	掌握花椒油的调制方法与应用
3	熟悉常用酱料的使用方法
4	启发思维，为下一项活动打好基础

活动描述

此活动由学生在教师指导下自主完成。学生通过预习完成活动中的任务。对于在以后活动中实际应用到的某些内容，教师可重点提示并进行相关的重复学习，也可结合菜肴个案，进行讲解、分析。

活动过程

教师可提前布置预习任务，学生自行学习、结合相关的实践性理论知识，仔细研读，认真思考。对于拓展性的内容，可以相互探讨或以小组学习形式一并完成任务。教师督促、检查。

食者赏菜，闻其香气，品其香味。先品酱料之味，后食材料之源。香料油不仅能增加菜肴味感之层次，还能增香气，提香味，使菜肴之味回味久长。

香料油应晾凉后放在冰箱里密封保存，隔夜后使用，随用随取。多在菜肴出锅前放入，上桌时会产生浓郁的香气，诱人食欲。

教学项目 1 辣椒油的调制与应用

辣椒油虽在商场成品有售，但在酒店中多由厨师专门按秘方调制。红红的色泽、香辣的口感，是很多菜肴不可或缺的调味料。

1. 原料准备

色拉油 1000 克、干红辣椒 250 克、净葱段 50 克、净姜片 50 克、八角 10 克、桂皮 10 克、山奈 10 克、生白芝麻 10 克。

2. 调制步骤

1）干辣椒清洗干净后自然晾干，用料理机制成辣椒末（可用好的辣椒粉替代，干红辣椒一定要好的、干的）。

1

2）色拉油入锅，低油温放入香料，炸出香味。待香叶、姜片变色后，将香料捞出。继续加热至八成热，然后关火。

3）取一个耐热的容器，放入白芝麻和三分之一的辣椒末混合均匀后，浇入三分之一热油，轻轻搅动，辣椒的焦香扑鼻而来。

4）等待半分钟，再放入三分之一的辣椒末，再次浇入三分之一的热油，辣椒油会稍有一点冒泡。

5）等待半分钟，再放入剩下的辣椒末，浇入热油，此时辣椒油不会翻滚冒泡。待其自然晾凉后即可装瓶，保存一周后风味更佳。

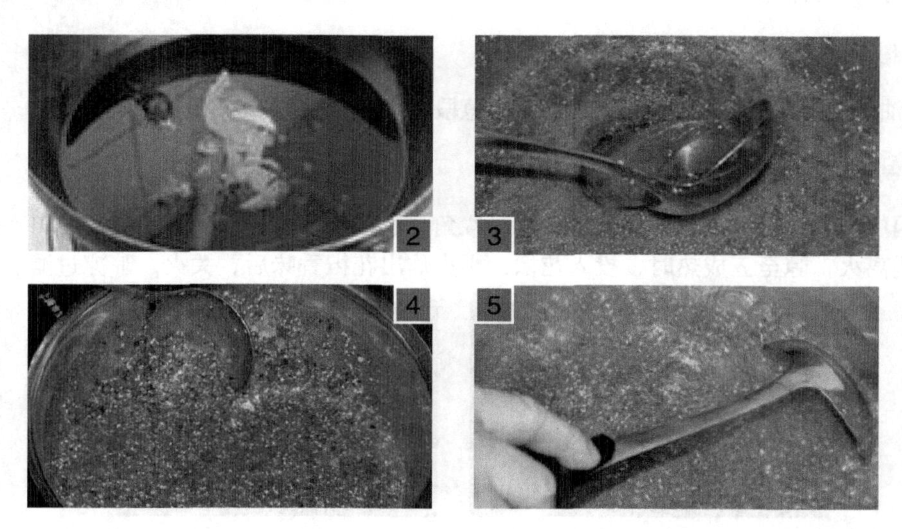

为增加辣椒油的香味，可在辣椒成末后加入适量的香油或花生碎调拌均匀后再加热油。也可将适量花椒焙熟后成末与辣椒末拌匀后再加热，做成麻辣油。

3. 辣椒油的应用

香辣、麻辣、鱼香、水煮、红油等系列的凉、热菜肴，均可用此辣椒油制作。即可炝锅时烹入，也可出锅前加入，均能增加菜肴的香味和红亮的色泽。

实践项目 1 辣椒油调制训练

以组为单位，每组调制 1000 克辣椒油。

（1）小组合作　依据上述步骤，完成辣椒油的调制。

干红辣椒可用辣椒末（面）代替，也可用红辣椒、泡椒等。辣椒末一定要分次下锅，第一次六成热、出香味，第二次四成热，第三次三成热，出颜色。色泽金红、香辣味适中。

刚做好的辣椒油辣味和色泽都没有固定，有燥性，香味较差且不粘原料。两天后辣椒味纯正，红亮效果好，且极易粘附原料，辣味性缓，不烈不燥，香味也醇厚。

（2）盛装保存　两天后滤渣取油，装入玻璃或不锈钢盛具中，加盖密闭。

（3）试验　调制辣椒油时加少量的盐和白酒，即可使香味更浓郁，颜色更红亮 。

（4）实训记录

项　目	色泽 20 分	味道 20 分	程序 10 分	火候 20 分	黏度 10 分	试验 20 分	制作时间
自制辣椒油							

教学项目 2 花椒油的调制与应用

花椒油油汁清亮，味麻香浓，味道醇厚。商场虽有成品，但酒店多为厨师自制。

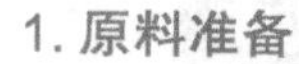

1. 原料准备

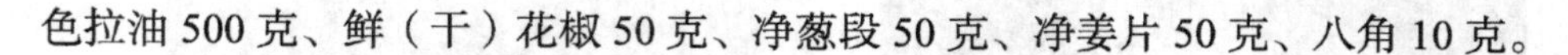

色拉油 500 克、鲜（干）花椒 50 克、净葱段 50 克、净姜片 50 克、八角 10 克。

2. 调制步骤

1）锅中先加入色拉油，再放入葱、姜、八角，小火加热至七成热，至葱、姜略变色。

2）锅离火，晾至五成热时，投入花椒，小火炸出花椒香味后，关火，晾凉过滤。

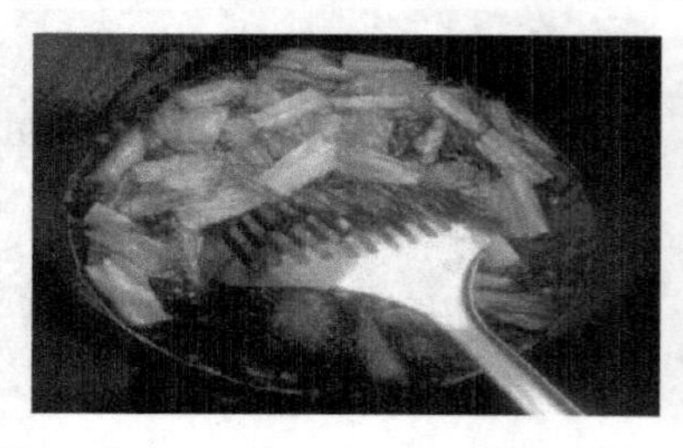

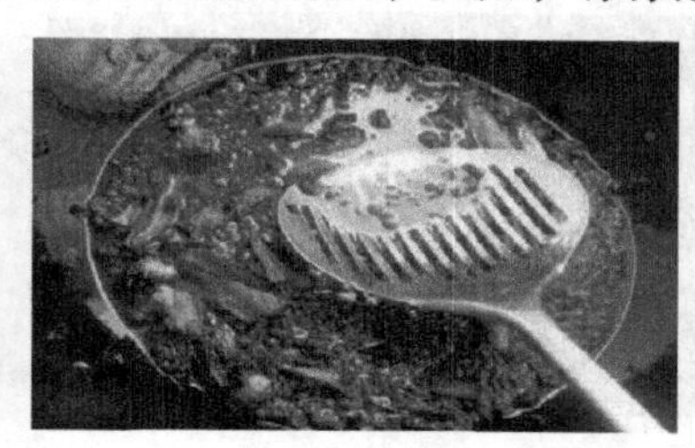

3. 花椒油的应用

花椒油主要用于需要突出麻味和香味的食品中，增强食品风味。红烧、炝拌、烩、酱焖等菜肴多以此油为尾油或拌油。

快速炒制的蔬菜类菜肴多以此油为底油炝锅，多与葱、姜为伴。

凉菜及拌馅时多以此油调香味。

突出本味及海鲜类的菜肴不宜用花椒油。

实践项目 2 花椒油的调制训练

以组为单位，每组调制 500 克花椒油。

（1）小组合作　按上述步骤，完成花椒油的调制。

（2）应用说明　花椒油适用于各种时令蔬菜、畜、禽类、水产品等原料，炝拌冷菜、部分烧烩热菜及汤羹类菜肴均可使用，如“鸡蛋汤”“红烧鲤鱼”“炝鱿鱼丝”等。

若使用干花椒，可先用温水将其泡洗一下，使少量的水分浸入，充分发挥其麻香。花椒不宜炸糊。

（3）盛装保存　晾凉后滤渣取油，装入玻璃或不锈钢盛具中，用时可取。

（4）试验　油加热至三成热，将花淑全部放入后撤火，晾凉装瓶。

（5）实训记录

项　目	色泽 20 分	味道 20 分	程序 10 分	火候 20 分	黏度 10 分	试验 20 分	制作时间
自制花椒油							

教学项目3 葱油的调制与应用

葱油葱香浓郁，多做尾油或拌油使用。酒店使用较广泛，多为自制。

1. 原料准备

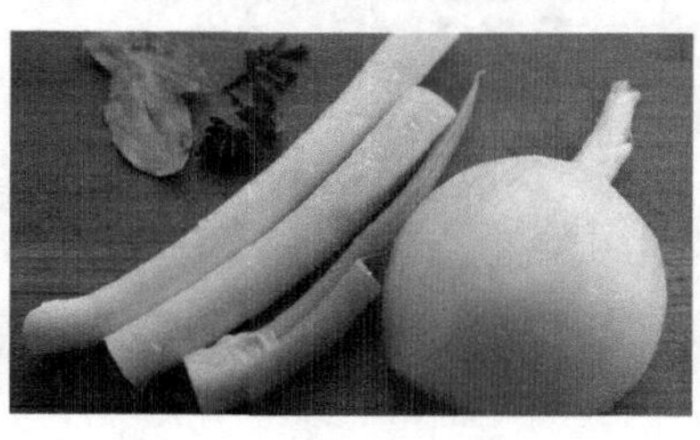

葵花子油500克、鲜葱250克、洋葱段100克、香叶2片、八角2个。

2. 调制步骤

1）大葱切段、洋葱切块。油入锅加热到二成热时将所有原料下锅，慢火慢炸15分钟。

2）炸至葱干瘪、焦黄色时关火。第二天将渣过滤即可，随用随取。

制作葱油的材料可依据实际情况选择，红葱头、小香葱等均可，但原料须洗好晾干水分后再炸。熬好的葱油可装在玻璃瓶里，放冰箱冷藏，随吃随取。

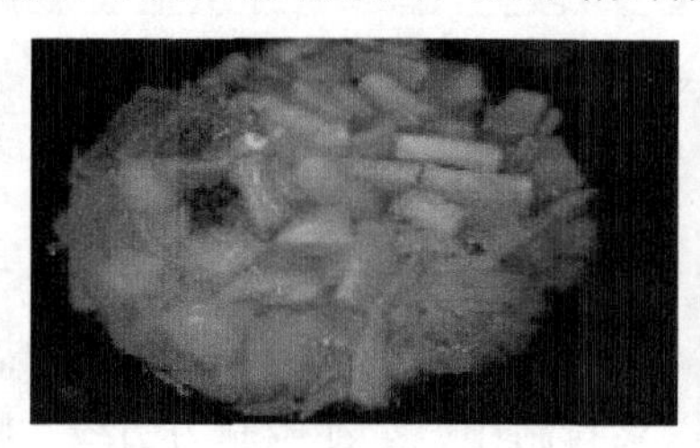

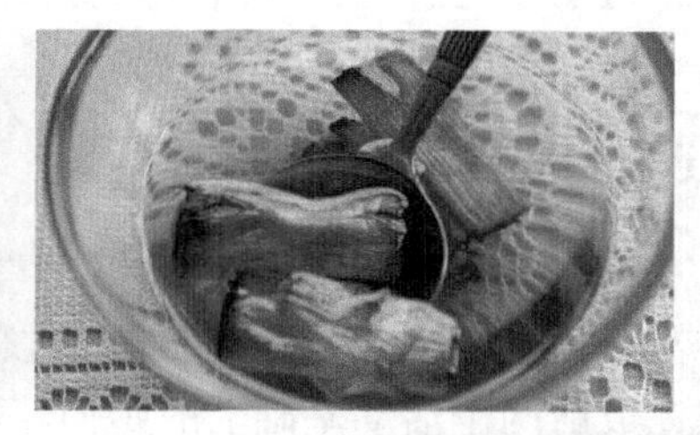

3. 葱油的应用

葱油主要用于制作蔬菜、肉禽类原料，如葱油菜心等；拌凉菜、拌面均可，如葱油拌面等。

热菜多在上桌前烧热淋浇，可增加菜肴的清香味。

实践项目3 葱油调制训练

以组为单位，每组调制500克葱油。

（1）小组合作　依据上述步骤，完成葱油的调制。

（2）应用说明　葱油适用于各种时令蔬菜、肉禽类、水产品等原料。若用小香葱，可葱叶、葱白分两次先后下油。葱不宜炸糊。

（3）盛装保存　晾凉后滤渣取油，装入玻璃或不锈钢盛具中，用时可取。

（4）试验　将适量的芹菜叶、香菜根、胡萝卜一并炸制，会有别样的香味。

（5）实训记录

项　目	色泽 20分	味道 20分	程序 10分	火候 20分	黏度 10分	试验 20分	制作时间
自制葱油							

学习活动 3 常用味型的调制与应用

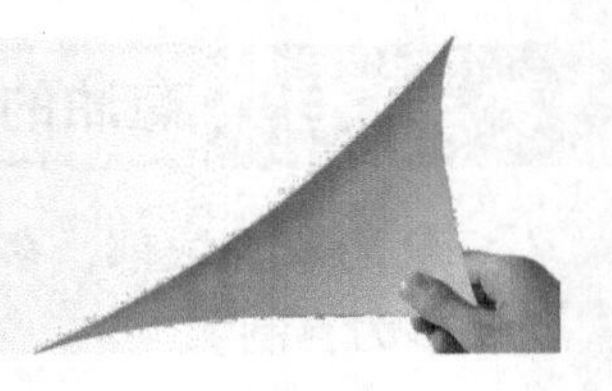

活动目标

1 掌握糖醋味型的调制方法及其应用

2 掌握鱼香味型的调制方法及其应用

3 掌握麻辣味型的调制方法及其应用

4 启发思维，为下一项活动打好基础

活动描述

复合味型的调制与应用是菜肴制作的核心技能，教师和学生均应给予高度的重视。此活动是在完成前两个活动基础上的延伸。以菜肴制作、味汁调制为引线，将教学内容加以串连、引导，加深体会、理解。活动课时为 16 课时。

活动过程

教师分别以菜肴个案为例，对不同味型的类别、原料选择、主料处理、调味品应用、色泽处理、芡汁调制、汁料融汇等逐一进行对比分析说明。学生动手操作，完成相关菜肴的制作，以此体会菜肴味型的调制过程及注意事项。

教学项目 1 糖醋味型

糖醋味是一种各地广泛应用的复合味型，虽无地域限制，但调制时所用的调料却不尽相同。鲁菜的糖醋黄河鲤鱼、粤菜的咕噜肉、川菜的糖醋脆皮鱼、东北菜的锅包肉，均为糖醋味。

1. 糖醋味型的调制原理

精盐定咸味，在咸味基础上重用糖和醋，无咸味则甜酸味不正。糖定甜，醋定酸，甜酸并重。烹制糖醋味时，要烹出醋香味，葱姜蒜炝锅提香，番茄酱等沸炒取色，湿淀粉勾芡定汤汁浓度，淋热油烘汁提亮度。

2. 糖醋味型的类别

（1）大酸甜味　色泽金红，甜酸味浓，后味咸鲜，香气扑鼻。

所用调味品主要为白糖、红醋、盐、料酒、水、湿淀粉、葱末、姜末、蒜末、番茄酱、花生油。

（2）小酸甜味　色泽浅红或黄，甜酸味醇，入味咸香。

调味品主要有白糖、白醋（大红浙醋）、盐、料酒、水、湿淀粉、葱末、姜末、蒜末、柠檬汁、花生油。

（3）果味　色泽浅红或黄，果香味突出，甜酸味醇，入味咸香。在小酸甜味的基础上，突出水果自身的味道，调味要轻淡。

调味品主要有白糖、白醋（大红浙醋）、盐、湿淀粉、葱姜蒜、柠檬。

3. 糖醋味型的调制方法

炒锅内加油烧热，放入葱姜蒜炝锅出香味后放入醋，出醋香味后，加入水、白糖、料酒、酱油，旺火烧开后，用湿淀粉勾芡，再淋上热油，用手勺推炒，将汁烘起。主要调味品的使用比例一般为“糖：醋 = 1 ： 1”。淋入的热油和汁要混合均匀。

此为济南菜糖醋汁的传统调制方法，色泽红亮，甜酸味重，后味咸鲜，醋香味浓，糖醋味醇厚，如糖醋鲤鱼、糖醋里脊等。盐的数量要适宜，不要过多，以免咸味过重。

制作时，调制味汁和炸料最好同时进行操作，汁料相融时均要热。

传统的调制方式多是根据菜肴的风味要求将相应的调味料一样一样往锅里放，用量标准难以做到百菜一味，全凭厨师经验和技巧掌控。

烹饪产品的标准化操作是将菜肴所用的部分甚至全部的调料放在一起调匀后，选择恰当的时机投放到菜肴中，多数酒店多采用此法。

若选用番茄酱，可在葱姜蒜炝锅后下入番茄酱炒香炒红，再放入清水、盐、白糖、白醋等调味。

糖醋汁的浓度多以流芡为主。

4. 糖醋味型的应用

糖醋味四季皆宜，夏秋尤佳，主要适用于鸡、鱼、肉、虾等多种动、植物性原料，多以炸溜的方法制作而成。

5. 糖醋味型的拓展应用

传统的糖醋汁，都是将糖、醋、番茄酱等作为主要调味品来用。现在的厨师充分发挥自己的聪明才智，在传统基础上，加入辣椒（或辣椒酱、红油）、五香粉、花椒油、菠萝汁、橙汁、姜汁、奶油、冰梅酱等为糖醋味菜肴锦上添花。

调得好的糖醋汁入口先甜后酸，最后带咸。加有辣味、五香味、麻味等的糖醋汁，虽味觉层次更加丰富，但甜酸味还是在先，其次才是辣味、五香味、麻味或其他原料的味（如菠萝味、姜味等），最后才是咸味。

以传统糖醋汁为基础，可调制出麻辣糖醋汁、泰式糖醋汁、五香糖醋汁、广式糖醋汁、冰梅糖醋汁、果味糖醋汁等。

实践项目1 调制糖醋汁

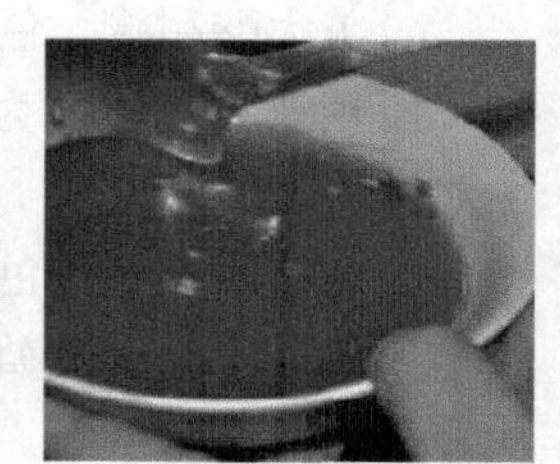

每两人一组，每组调制金红色、米黄色、果味糖醋汁各一份。强化糖醋汁的调配方法，相关调味品的使用方法与技巧；体会糖醋汁的芡汁浓度、色泽调兑及拓展应用；注意对比观察不同糖醋汁的色泽、亮度、甜酸度等的变化；加深对于糖醋汁的调制与应用的理解和掌握。

类别	芡汁	调料	亮度	汁色	油量	口味	成绩	备注
金红色								
米黄色								
果味								

实践项目2 菜肴制作：糖醋里脊

每两人一组，每组制作红色、金红色糖醋里脊各一份。可自行选用相关的调味品，强化不同色泽糖醋汁的调配方法，汁料融汇的方法与技巧；进一步体会糖醋汁的芡汁浓度、色泽、亮度、甜酸度等的不同变化；加深对于糖醋汁的调制与应用的理解和掌握，巩固已有的理论性知识。

类别	芡汁	调料	亮度	汁色	油量	口味	成绩	备注
金红色								
红色								

教学项目2 鱼香味型

鱼香味色泽红亮，咸酸甜辣鲜香兼具，葱姜蒜味突出，酸味略重于甜味，咸味比较明显。香味为主味，咸为基本味。

1. 鱼香味型的调制原理

鱼香味是香和味的有机结合。香是泡辣椒、姜葱蒜混合的浓香，浓厚持久；泡辣椒之辣加以出味的盐、酱油、糖、醋等构成鱼香味型，咸中略带辣味，再辅以甜酸，平和、爽口。该味型之红亮色泽以泡红辣椒、酱油经烹制而定。

强烈的视觉刺激和爽口的味觉享受，是鱼香味深受欢迎的关键所在。鱼香味是在小糖醋味的基础上加入泡辣椒而形成的，只不过各调味品用量有所不同而已。

2. 鱼香味型的类别

鱼香味在正确调味后，香味一部分随菜品的热度挥发产生，成为食者在进食前的香味感受，入口后挥发油在口中挥发，刺激鼻腔，产生第二次刺激，加之味感的作用，鱼香味被食者全面体会，完成从色、香、味几方面对风味的体现。

鱼香味型的类别有以下两种：

（1）冷菜的鱼香味　将自然形态的泡辣椒、姜、葱、蒜剁成碎末，要剁细，在常温下让其香味溢出；或用热油先将辣椒、姜、蒜、葱烫一下，增加香味的产生。

（2）热菜的鱼香味　用热油作为介质，使泡辣椒、姜、葱、蒜(多)溶于热油中，四种香味相对平均而互不压抑。泡辣椒是调色的主要原料。

3. 糖醋味型的调制方法

鱼香味型构成的诸多调料中，大蒜和葱姜同属小作料，蒜的量要多、要足，浓郁的蒜味是形成鱼香味的先决条件。

例如，用鲜葱，既不能熟透也不能过生，应在菜肴出锅前或菜肴装盘后将葱粒撒入。

糖醋味型的调制方法如下：

（1）热菜的鱼香味　先用泡红辣椒在油锅中炒香出色，再下姜、蒜炒香，迅速烹入酱油、白醋、白糖、味精、兑好的汁水，收汁亮油，放入葱翻炒均匀，起锅装盘即成。

（2）凉菜的鱼香味　将泡辣椒剁细，姜、葱、蒜切成米，用热油将辣椒、姜、蒜、葱烫一下，倒入盛器晾凉后，加入酱油、白醋、白糖、红油调匀即成。

4. 鱼香味型的应用

泡红辣椒可用郫县豆瓣代替，或以泡红辣椒与郫县豆瓣按比例混合使用。若用郫县豆瓣代替泡红辣椒，同样需要剁茸炒至红色放香；郫县豆瓣与泡红辣椒混合使用，增加了浓厚的味感，色泽比单用豆瓣要好。

单独使用泡红辣椒的方法主要适用于鸡、鱼、虾等鲜味好、质地细嫩的原料；单独使用郫县豆瓣的方法主要适用于本味比较粗、有腥味的原料，如牛肉、猪肝等。

鱼香味以秋季使用为最佳，因为秋季的葱、姜、蒜质量比较好。若原料比较高级还应用料酒调味；若原料为鱼虾等海鲜类，及原料腥味较重的菜品，还可以用少量香油。

实践项目3 调制鱼香汁

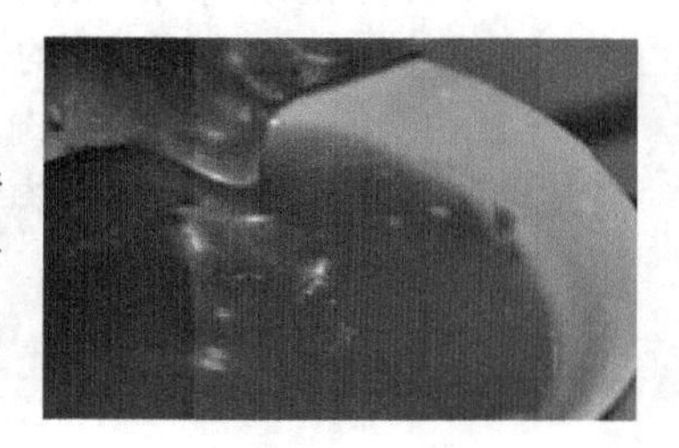

每两人一组，每组调制冷菜、热菜的鱼香汁各一份。强化鱼香汁的调配方法，相关调味品的使用方法与技巧；体会鱼香汁的芡汁浓度、色泽调兑及拓展应用；注意对比观察不同鱼香汁的色泽、亮度、甜酸度等的变化；加深对于鱼香汁调制与应用的理解和掌握。

类别	芡汁	调料	亮度	汁色	油量	口味	成绩	备注
凉菜鱼香汁								
热菜鱼香汁								

实践项目 4 菜肴制作：鱼香肉丝

每两人一组，每组制作凉菜、热菜的鱼香肉丝各一份。可自行选用相关的调味品，强化不同鱼香汁的调配方法，汁料融汇的方法与技巧；进一步体会鱼香汁的芡汁浓度、色泽、亮度、鱼香味等的不同变化；加深对于鱼香汁的调制与应用的理解和掌握，巩固已有的理论性知识。

类别	芡汁	调料	亮度	汁色	油量	口味	成绩	备注
凉　菜								
热　菜								

教学项目 3 麻辣味型

（1）凉菜的麻辣味　麻辣清香，咸鲜爽口，咸中有鲜，回味略甜，四季均宜。

（2）热菜的麻辣味　色泽红亮，麻辣咸鲜香兼具。麻辣香浓，鲜咸醇厚，味浓而不烈。

1. 麻辣味型的调制原理

（1）凉菜的麻辣味型　精盐、酱油调和菜肴的咸味及色泽。糖调甜和味，味精调鲜，与咸味和为菜肴咸鲜略甜的底味。麻辣油、辣椒油、花椒末、香油调和菜品的麻辣味、香辣味、香麻味。

（2）热菜的麻辣味型　郫县豆瓣、豆豉组成菜品的咸味。味精、牛肉汤定鲜味，映衬出麻辣味的香浓而不淡薄。泡红辣椒、辣椒油调和菜品的香辣味，加以酱油调和菜肴的色泽。蒜苗调以清香，衬托色彩，牛肉末增鲜、质酥。花椒末调和香麻。

2. 麻辣味型的调制方法

（1）凉菜的麻辣味　将所用调味品（麻辣油、精盐、酱油、白糖、辣椒油、花椒末、味精、香油等）放在一起调拌均匀即可。

（2）热菜的麻辣味　牛肉末入锅炒至酥香，加入泡红辣椒末、郫县豆瓣炒出香味，再放入豆豉煸出香味，然后加入牛肉汤、精盐烧沸后，用水淀粉勾芡，收汁亮油后，加入味精、辣椒油、蒜苗，撒上花椒末即成。

3. 麻辣味型的应用

麻辣味型的菜肴阵容甚是强大。麻辣多源于花椒和辣椒。汤多、量大的菜肴如毛血旺、麻辣鱼、火锅等，都是放整粒的花椒、辣椒；有些菜会选择放花椒末，吃起来满嘴麻味。

4. 麻辣味型的拓展应用

现在的麻辣味已不是单一的、传统的麻辣味，在原有的基础上，已有了拓展。

（1）红油麻辣味　用辣椒红油、花椒面、花椒油与其他味料调制而成，主要用于凉菜，麻辣味道醇和适中、香辣味浓。

（2）复合麻辣味　豆瓣、辣椒面、刀口辣椒、泡海椒、花椒面、干辣椒、花椒等，味重麻辣、有较强的味觉冲击力，如“麻婆豆腐”“水煮肉片”等。

（3）鲜椒麻辣味　以小米辣、青花椒为主，佐以香葱、芝麻酱等调制而成，鲜辣鲜麻、清香刺激。

（4）火锅麻辣味　以糟辣椒、鲜或干辣椒为主，调以其他复合味而成，是四川特色火锅的主要调料，也常用于红汤类热菜。

（5）干辣椒麻辣味　主要用干辣椒、干花椒辅以其他调味料调制而成，多用于干炒、煮、焖等菜肴。如“麻辣小龙虾”“歌乐山辣子鸡”“沸腾水煮鱼”等。

总体而言，麻辣味型可分为清麻辣型和浓麻辣型两类。“清麻辣型”麻辣清香、咸鲜爽口；“浓麻辣型”麻辣香浓，鲜咸纯厚。根据不同菜肴的风味状况，有的略带回甜、有的略带回酸或回味酸甜。

实践项目5 调制麻辣汁

每两人一组，每组调制冷菜、热菜的麻辣汁各一份。强化麻辣汁的调配方法，相关调味品的使用方法与技巧；体会麻辣汁的口味调配、色泽调兑及拓展应用；注意对比观察不同麻辣汁的色泽、亮度、甜酸度等的变化；加深对于麻辣汁调制与应用的理解和掌握。

类别	汤汁	调料	亮度	汁色	油量	口味	成绩	备注
凉菜麻辣汁								
热菜麻辣汁								

实践项目 6 菜肴制作：麻婆豆腐、麻辣凉粉

每两人一组，每组制作麻婆豆腐、麻辣凉粉各一份。可自行选用相关的调味品，强化不同麻辣汁的调配方法，汁料融汇的方法与技巧；进一步体会麻辣汁的口味调配、色泽、风味等的不同变化；加深对于麻辣汁的调制与应用的理解和掌握，巩固已有的理论性知识。

类别	汤汁	调料	亮度	汁色	油量	口味	成绩	备注
麻婆豆腐								
麻辣凉粉								

学习笔记

通过技能训练、观看教师演示等，相信你已对调味有了深刻的理解，并已具备了相应的调味技能。请认真思考、总结，完成以下学习心得。

1. 调味重要吗？

2. 酒店厨师常用的调味品有哪些？

3. 很多学生感觉调味很难，你对此做何理解？

学有所获

1. 不属于酸味调味品的是（　　）。

A. 食醋　B. 酱油　C. 番茄酱　D. 柠檬酸

2. 红烧鱼在出锅前，淋少量的（　　）有起香的作用。

A. 醋　B. 黄酒　C. 芡汁　D. 葱汁

3. 菜肴的类别不同，盐的用量不同。汤菜类为（　　），烧煮菜类为 1.5%~2.0%。

A. 0.8%~1.0%　B.0.4%~0.6%　C.1.2%~1.4%　D.1.6%~1.8%

4. 调味品投放顺序不同，影响（　　）与原料之间、调味品之间所产生的各种复杂变化。

A. 味型　B. 调味品　C. 风味　D. 火候

5. 酱制菜原料腌制的主要目的，是增加成菜干香的质感和使菜品（　　）。

A. 味重汁浓　B. 肉质紧实　C. 保持本色　D. 颜色发红

6. 为了使酱制后的菜肴颜色更为鲜艳，（　　）处理前可用少量酱油涂抹原料表皮。

A. 油炸　B. 油焐　C. 滑油　D. 油浸

7. 白卤水若需调色，应使用（　　）。

A. 酿造酱油　B. 勾兑酱油　C. 深色酱油　D. 浅色酱油

8. 烹调中调味，就是在烹调过程中的（　　）加入相应的调味品。

A. 一次性地　B. 分批次地　C. 临出锅前　D. 适当时机

9. 在调制咖喱味时，应在咸、甜、鲜的基础上，突出咖喱的（　　）。

A. 苦辣味　B. 香甜味　C. 焦辣味　D. 香辣味

10. 茴香、丁香、八角等干制香料，加热（　　）溢出的香味越多，香气味越浓郁。

A. 火力越大　B. 火力越小　C. 时间越长　D. 时间越短

11. 芥末是用（　　）的种子干燥后研磨成的粉末状调味品。

A. 芥菜　B. 萝卜　C. 芫荽　D. 胡椒

12. 酿造醋中质量最佳的是（　　）。

A. 果醋　B. 麸醋　C. 酒醋　D. 米醋

13. 用蛋黄制作蛋黄酱，是利用了其（　　）。

A. 黏合作用　B. 起泡作用　C. 胶体作用　D. 乳化作用

14. 食盐中所含的主要呈味成分是（　　）。

A. 氯化镁　B. 氯化钙　C. 氯化钠　D. 氯化钾

15. 热菜的香味是随（　　）扩散的，而冷菜的香味必须在（　　）时才能感知。

A. 分子、品尝　B. 加热、入口　C. 冷空气、咀嚼　D. 热空气、咀嚼

16. 烹饪前调味的主要方法是（　　）调味。

A. 冷藏　B. 反复　C. 浸泡　D. 腌渍

17.（　　）是指在原料出锅前，将醋从锅边淋入，使菜品醋香浓郁，略带微酸。

A. 明醋　B. 暗醋　C. 底醋　D. 红醋

18. 味精是鲜味剂的代表，其主要成分是谷氨酸钠，在（　　）及碱性条件下或长时间高温

加热，会使谷氨酸钠分解，影响味精的呈鲜效果。

A. 弱酸　B. 强酸　C. 中性　D. 有卤汁

19. 下列调味料中主要呈麻味的是（　　）。

A. 八角　B. 花椒　C. 胡椒　D. 桂皮

20. 根据调味目的需要，原料加热成熟后对原料进行调味，分为（　　）调味和确定调味。

A. 正式　B. 基本　C. 补充　D. 淋汁

21. 天然色素主要是从植物组织中提取的，如（　　）等。

A. 绿菜汁、果汁　B. 绿菜汁、苋菜红　C. 柠檬黄、苋菜红　D. 柠檬黄、绿菜汁

22. 肉粉致嫩的方法是：每 1 千克肉料用嫩肉粉 5~6 克，加少量清水拌匀，静置（　　）分钟后即可。

A. 60　B. 30　C. 120　D. 15

23. 糖醋味型调制时，醋应（　　）。

A. 刚烹入时加入　B. 出锅前加入　C. 烹饪中加入　D. 任何时候加入

24. 鱼香味型调制时必不可少的小料为（　　）。

A. 蒜　B. 葱　C. 姜　D. 香菜

25. 麻辣味型调制时必需的调味品是（　　）。

A. 葱　B. 泡椒　C. 花椒　D. 白糖

阶段性考核评价

组别__________　姓名__________

评价项目	评价内容	评价等级（组评 学生自评）		
		A	B	C
职业素养	仪容仪表，卫生清理			
	责任安全，节约意识			
	遵守纪律，服从管理			
	团队协作，自主学习			
	活动态度，主动意识			
专业能力	任务明确，准备充分			
	目标达成，操作规范			
	工具设备，使用规范			
	个体操作，符合要求			
	技术应用，创造意识			
小组总评		组长签名： 年　月　日		
教师总评		教师签名： 年　月　日		

学习任务5 挂糊炸制

任务流程

1. 学习活动1　调糊原料认知
2. 学习活动2　蛋泡糊的调制与应用
3. 学习活动3　干粉糊的调制与应用
4. 学习活动4　脆炸糊的调制与应用

任务目标

1　熟悉各种糊料的特性

2　掌握常用糊的调制方法及其应用

3　掌握常用糊的炸制技术

4　结合案例，体会各种糊的综合应用

建议课时

24课时。实际用时__________课时

任务描述

学生预习、自主学习是前提，教师演示、菜肴个案是达成教学目标的必备条件。以小组形式、团队合作对菜肴案例进行实际操作是学生达成学习目标的先决条件。

学习活动 1
调糊原料认知

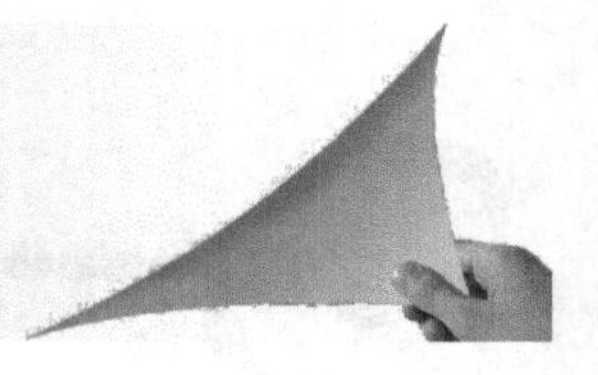

活动目标

1 掌握淀粉的特性、种类及其应用

2 理解不同糊料组合的效果

3 理解常用糊料的特性与功能

4 启发思维，为下一项活动打好基础

活动描述

此活动由学生自主完成，学生通过预习完成活动中的任务内容。对于在以后活动中实际用到的某些内容，教师可重点提示并做以相关的重复学习。也可结合莱肴案例，进行相关的讲解、分析。

活动过程

教师提前布置预习任务，学生自行学习。结合相关的实践知识，仔细研读，认真思考。对于拓展性的内容，可开展统一的小组活动，可相互探讨，教师督促、核查。

预习任务 1 淀粉的相关知识

根据后述有关淀粉的相关知识，完成以下任务。

1. 淀粉的内部结构主要分为直链淀粉和支链淀粉。用于调糊时，多选择（　　）含量较多的淀粉。

A. 直链淀粉　　B. 支链淀粉　　C. 糖淀粉　　D. 无链淀粉

2. 调好的湿淀粉会分层，主要原因是淀粉（　　）。

A. 不溶于冷水　　B. 只溶解于热水　　C. 只在热水中膨胀　　D. 调制方法不对

3. 挂糊炸制后可保持原料中的水分，使菜肴鲜嫩、饱满，主要原因是（　　）。

A. 淀粉的糊化　　B. 热油的原因　　C. 水分挥发　　D. 淀粉的特性

4. 挂糊炸制后会出现不同程度的色泽变化，主要原因是（　　）。

A. 油的色泽　　B. 淀粉的糊化　　C. 羰氨色变　　D. 高温

5. 常用淀粉中质量最好的是（　　）。

A. 玉米淀粉　　B. 绿豆淀粉　　C. 生粉　　D. 马铃薯淀粉

6. 烹饪中最常使用的淀粉是（　　）。

A. 豌豆淀粉　　B. 绿豆淀粉　　C. 玉米淀粉　　D. 马铃薯淀粉

7. 能增强菜肴酥脆性的淀粉是（　　）。

A. 土豆淀粉　　B. 绿豆淀粉　　C. 玉米淀粉　　D. 马铃薯淀粉

8. 调糊时使用的面粉多是（　　）。

A. 高筋面粉　　B. 低筋面粉　　C. 普通面粉　　D. 精制面粉

淀粉由植物的种子、果实经加工而成，多含有两个性质不同的组成成分：直链淀粉和支链淀粉。直链淀粉：能溶解于热水，占10%~30%。支链淀粉：只能在热水中膨胀，不溶于热水，占70%~90%。黏性植物中支链淀粉多而直链淀粉少，如糯米粉含100%的支链淀粉。

淀粉的分子呈胶束结构，排列很紧密。水分子很难进入胶束中，故淀粉多不溶于冷水。淀粉受热时的热能使胶束动能增强，淀粉分子分散出来，且彼此结合，形成有序的网络，会形成较为稳定的骨架结构，故挂糊炸制后的菜肴多形态饱满。

糖类在无水和较高的温度下（一般是140~170℃）时，会发生脱水、降解，发生美拉德反应（即羰氨色变）。原料经挂糊炸制，淀粉急剧失水，可形成焦脆的口感，产生美丽的色泽。

淀粉品种不同，对挂糊炸制的质量有直接影响。支链淀粉含量越高，黏性越大，糊化性能越好，而挂糊应选择糊化快的淀粉。

挂糊时常用的淀粉主要有玉米淀粉、绿豆淀粉、马铃薯（土豆）淀粉和生粉等。

（1）玉米淀粉　玉米淀粉是挂糊中使用最为普遍的一种，颗粒小但不均匀，直链淀粉含量为25%左右。使用时宜用较高温度使之充分糊化。玉米淀粉经油炸后口感较硬脆，有需要硬性的菜肴通常要加入玉米淀粉调糊。

（2）绿豆淀粉　绿豆淀粉是食用淀粉中品质最好的，含直链淀粉较多，在60%以上，颗粒小而均匀，色洁白而有光泽，黏性足，吸水性小，稳定性和透明度均好，挂糊炸制后可增加菜肴的酥脆性。

（3）马铃薯（土豆）淀粉　马铃薯淀粉颗粒较大，直链淀粉含量约为25%，糊化温度较低，速度较快，能很快达到最高黏度，但黏度的稳定性差，透明性较好，挂糊炸制后可增强菜肴的硬性。

（4）生粉　生粉大多采用土豆粉、玉米粉、菱粉为制作材料，单独或混合后加工而成，质地细腻、颜色洁白，可较长时间保持菜肴的质感。

预习任务2 挂糊常用原料的相关知识

根据后述有关挂糊常用原料的相关知识，完成以下任务。

1. 要求本味突出的菜肴炸制时，最不宜使用的糊料是（　　）。

A. 泡打粉　　B. 吉士粉　　C. 油脂　　D. 鸡蛋

2. 挂糊炸制的菜肴是通过（　　）调味。

A. 腌渍　　B. 将调料拌入糊料中　　C. 味碟　　D. 炸制

3. 挂糊原料炸制后，一般会显得饱满、（　　）。

A. 造型美观　　B. 色彩悦目　　C. 质感丰富　　D. 原料鲜嫩

4. 不同糊料的组合会产生不同的效果，同一种原料拖挂（　　），可以制作出不同风味特点的菜品，丰富了菜肴品种。

A. 不同种类的糊　　B. 同一种类的糊　　C. 相同的糊料　　D. 一种糊料

5. 糊料选择的主要依据是（　　）。

A. 菜肴要求　　B. 菜肴色泽　　C. 菜肴质感　　D. 菜肴造型

6. 以（　　）为主的糊料组合，易产生焦脆、色泽金黄的效果。

A. 蛋黄　　B. 蛋清　　C. 淀粉　　D. 全蛋

7. 思考一下，湿淀粉加面粉调糊，最理想的效果会是（　　）。

A. 外焦里嫩　　B. 外酥里嫩　　C. 外硬里嫩　　D. 里外焦脆

8. 会使菜肴形态膨松、饱满的糊料是（　　）。

A. 面粉　　B. 蛋清　　C. 泡打粉　　D. 油脂

目前挂糊常用的原料有吉士粉、鸡蛋、油脂、发酵粉、面粉、面包渣、水及其他原料等，下面来具体介绍。

（1）吉士粉　吉士粉呈浅黄色粉状，由奶油、淀粉、香精、疏松剂、蛋黄等混合而成。膨松类的面糊中加入占原料体积15%的吉士粉，炸制后糊层松脆而不软瘪；将半羹匙吉士粉拌入糊中，即能产生3个蛋黄所能造成的鲜黄色；加入1羹匙吉士粉，即能产生浓郁的奶香和果香味。使用时要控制好用量。

（2）鸡蛋　鸡蛋是挂糊的重要原料，应用广泛。根据需要，可选择蛋清、蛋黄或全蛋液。

蛋清多与淀粉合用，可使制品色泽洁白、松脆。

蛋黄一般同淀粉、面粉调成酥糊，炸制后的糊层色泽金黄、酥松。

全蛋液可加淀粉、面粉调成糊，色泽金黄、焦脆。

（3）油脂　调糊时多使用洁净、无异味的油脂，少数糊可用猪油，如蛋黄糊、发粉糊等。糊中加入油脂，能使淀粉和加入的蛋液被油脂膜分割、包围，形成以油膜为分界面的蛋白质、淀粉分散系，炸制后糊层具有酥、脆的质感，如脆浆糊、发粉糊。

（4）发酵粉　发酵粉能降低酸性，又可充分提高膨松力，是调制发粉糊的常用原料，炸制后可使糊层表面酥脆、形态饱满。

（5）水和面粉　面粉是制糊的常用原料，黏性强，如挂蛋泡糊、拍粉拖蛋液、拍粉拖蛋液滚面包渣等都需要先蘸面粉。有些原料表面光滑容易脱糊，都需用面粉加以辅助。

水在糊中是溶剂。过稀，挂不上糊；过稠，会使制品表面粗糙。

（6）面包渣及其他碎料　面包渣即为面包的碎屑，主要用于炸制菜肴，色泽金红，口味醇香。根据菜肴需要，可用馒头渣、芝麻、橄榄仁、松子仁、核桃仁、瓜子仁、花生仁等代替。

（7）其他原料

1）固形料：如米粉、马蹄粉、苏打粉、起酥粉、面包粉、自发粉、三合面等。

2）液形料：如牛奶、果汁、高汤等。

3）调味料：食盐、白糖、香油、料酒等。

以蛋液为主加其他原料、以淀粉（或面粉）为主加其他原料、以多种原料不同组合调制而成的糊，加热后的成菜效果会有明显的区别。加蛋清制成的糊可使原料滑嫩；以淀粉（或面粉、米粉等）为主的糊易发生焦糊化，香脆或松软；蛋黄油脂含量高，而油脂具有疏水性，所以挂蛋黄糊的菜肴制品一般较酥脆。

糊的调制时间过长，过分用力，淀粉中的蛋白质（即面筋）就会析出。淀粉颗粒会填充在面筋网络中，糊就很难粘挂在原料上。炸后又干又硬，不饱满，不酥松香脆。

挂糊入油后，有时会出现糊与原料分离，或上厚下薄现象。根本原因在于糊的黏度不够、糊太稀或油温控制不当。

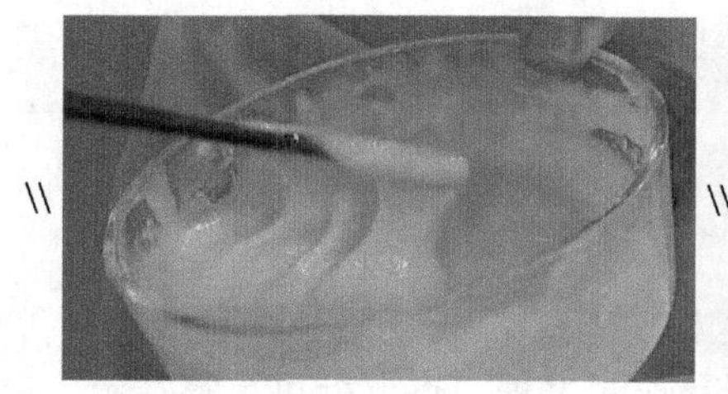

挂糊时的注意事项：

1）淀粉在使用前应提早浸泡，使淀粉颗粒充分吸水膨胀，以获得最高黏度，从而增加与原料的黏附性。

2）原料挂糊前，表面带有较多的水分，使糊的浓度降低，附着力减弱。故挂糊前须把原料表面多余的水分去除。

3）淀粉不溶于冷水，糊放置时间略长，淀粉会沉于容器的底部。调糊时须充分调拌均匀，挂糊前要将糊再行拌匀。

4）调糊时须根据原料质地的老嫩、是否经过冷冻、烹饪间隔时间长短等因素，灵活掌握所调糊的浓度。

5）除蛋泡糊外，多数糊种炸制时的油温应在四成热以上，以保证淀粉在短时间内迅速糊化，使淀粉黏度达到最高点。

学习活动 2
蛋泡糊的调制与应用

活动目标

1	掌握蛋泡糊的用料及其配比
2	掌握蛋泡糊的调制方法
3	掌握蛋泡糊的炸制方法
4	拓展、理解蛋泡糊的应用

活动描述

糊的调制与使用是菜肴制作的重要环节之一，原料的调制比例及技术要领须由学生反复训练、对比后硬性记忆，但其技巧须由学生自己体会、总结。

活动课时为 6 课时。

活动过程

教师以菜肴案例做引导，展示糊的调制及炸制过程，重点处可重复演示，启发学生思维。再由学生开展相关的小组活动，至少 3 次重复训练并加以探讨、总结。教师指导、检查。

教学项目 1 蛋泡糊的用料及配比

课前准备：课前 5 分钟在操作间门口学生排好队伍站好，由组长检查各组学生出勤、服饰仪表、个人卫生、用具准备等，并予以打分，记录在表。

教师核检学生准备情况，简要概括上次实习的优缺点，并布置本次教学任务。然后学生依序到达指定位置，按实习分组编号跨列式站立。

姓名	编号	出勤 20分	工装 30分	抹布 20分	队列 10分	值日 10	指甲饰物 10分	成绩	时间
	1								
	2								

教师讲解、示范，学生观看。

蛋泡糊也称高丽糊、雪衣糊，色泽洁白，质地细腻，易于成熟。炸后有很强的涨发性，成菜形状膨松饱满，质地外松软里鲜嫩。

蛋泡糊具有很强的可染性，能与各种色素融和，调制出五彩缤纷的糊衣。

蛋泡糊可绘成各种图案，做点缀、装饰之用。

以“雪丽大虾”为例，重点讲解蛋泡糊的调制原理、用料配比、选料要求、打制方法、炸制方法。

蛋清中所含的类卵黏蛋白和卵黏蛋白经高速抽打后具有较强的发泡性能，蛋泡抽打的时间越长，混入蛋清的空气就越多，空气使蛋清的体积膨胀，最大可以膨胀至8倍，从而形成色泽洁白的泡沫，再以适量的淀粉和面粉与蛋泡搅拌均匀，填充空气间隙，从而形成蛋泡糊。

1. 蛋泡糊的用料选择

（1）须选用新鲜的鸡蛋　蛋清中虽然含有9种以上的蛋白质，但其中具有起泡性能的却只有类卵黏蛋白和卵黏蛋白两种，而这两种蛋白质含量的多少，与鸡蛋的新鲜程度相关，故一定要选用新鲜的鸡蛋，才较容易产生丰富的蛋泡。

（2）生粉和淀粉　生粉和淀粉可保持糊层挺实饱满、不致塌陷。使用时可用湿粉，也可加干粉。但因湿粉容易出现淀粉沉淀现象，且需即时使用，故多用干粉。

2. 蛋泡糊的用料配比

5个蛋清、生粉75克、绿豆淀粉25克。

生粉和淀粉的用量少了，糊层会塌陷；用量多了，质地会变硬。用于炸制的菜肴可加多一些；油滑、水氽或蒸制的菜肴可加少一些。

原料经挂糊油炸后，若糊层表面死板不疏松，则是生粉和淀粉用量过大；若表面凹凸不平，甚至塌陷，那便是用量过小。

写出小组3次调制用料配比的结果对比情况

教学项目 2 蛋泡糊的调制

蛋泡糊的调制方法如下：

1）将蛋清磕入盆内，然后由慢到快、顺着同一个方向抽打。应避免混入油脂、蛋黄和食盐。油脂和蛋黄类似消泡剂，食盐会促使蛋白质变性。

2）随着蛋清体积膨胀，蛋清中的一些蛋白质变性，凝固程度逐渐加大，会使泡沫变硬失去流动性。因此，以抽打至蛋泡中能立住筷子或蛋抽时为准，应避免抽打过度。

3）将生粉、淀粉按比例混合均匀后加入蛋泡中搅拌均匀，时间要短，动作要轻。切忌用力过大，且不可长时间搅拌。

4）搅拌时切忌上劲，只要糊均匀无干粉颗粒即可。蛋泡糊一般为现做现用，不宜久存。

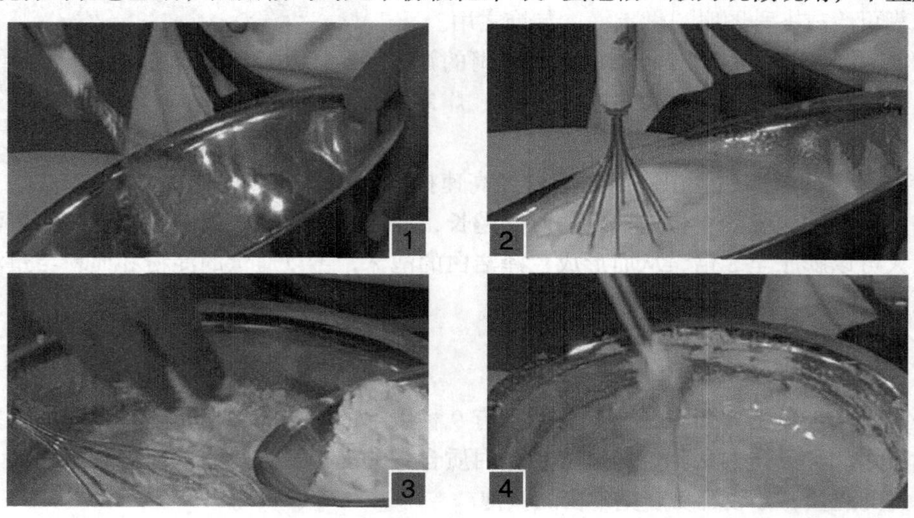

调制技巧

● 可在泡沫开始形成以后分次加入适量的白糖，以减少蛋清抽打过度的可能性。因为糖分子能够增强蛋泡表面的张力，延长蛋泡存在的时间。同时糖还具有吸水性，能吸收蛋清中的一些水分，避免蛋泡渗水，提高蛋泡的稳定性。

● 在蛋泡开始形成时，可加入少许柠檬酸、苹果酸等有机酸，可促进蛋清起泡，增加蛋泡的稳定性，也丰富了菜肴的风味。

● 用不同器皿抽打的蛋泡色泽有所不同：铜器略带黄色，铁器略带粉红色，瓷器或玻璃器皿中抽打的蛋泡才会雪白。

蛋泡糊调制好后开始挂糊。多数原料在挂蛋泡糊前，要先在原料表面拍上一层薄的干淀粉，以便于挂糊。

蛋泡糊在临灶使用前，最好先搅拌一下，使糊浓稠均匀，黏性增强。再将原料两面均匀挂满蛋泡糊。

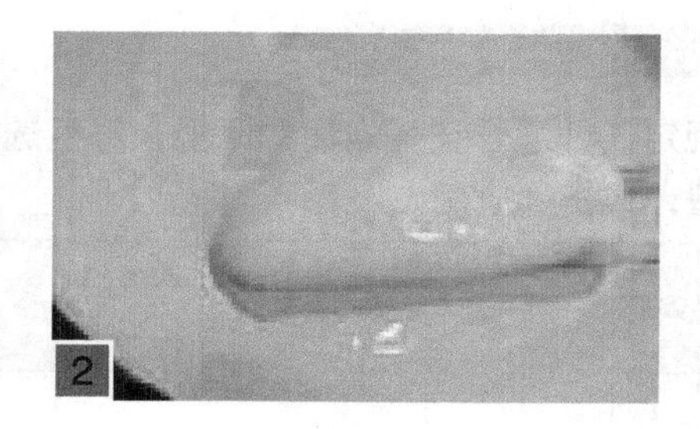

教学项目3 蛋泡糊的炸制

挂蛋泡糊的菜肴多要求成品色泽洁白或微黄，入油时的油温多为二成热，且小火加热，须将挂糊的原料逐一下入油内，不得一次放入。

因原料表面的蛋泡糊形状极易受到破坏，炸制时不宜多翻动。可适时翻身炸至两面上色均匀。若要色泽微黄，可用三成热的油再快速复炸一下。

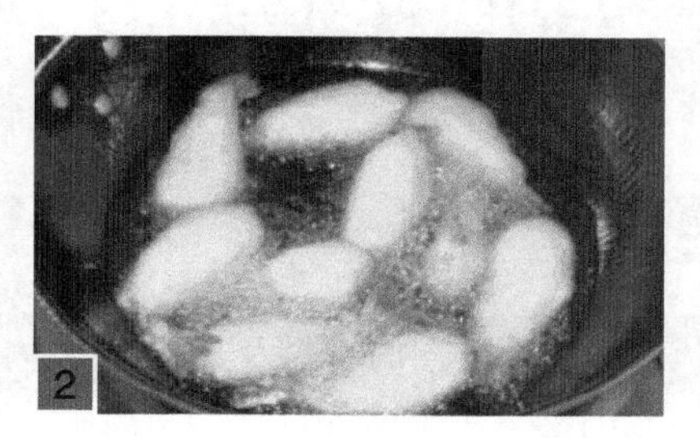

实践项目 蛋泡糊的调制与应用

训练项目1 打制蛋泡

每两人一组，5个鸡蛋，依上述步骤及要求打制蛋泡。教师验检蛋泡的质量，并与学生一起分析蛋泡打制情况及成败原因。

姓名	编号	动作 20分	纪律 20分	数量 20分	质量 20分	整体 10分	进度 10分	成绩	时间
	1								
	2								

训练项目2 调制蛋泡糊

每两人一组，5个鸡蛋，依上述程序及要求调制蛋泡糊。教师验检蛋泡糊的质量，并与学生一起分析蛋泡糊调制情况及成败原因。

姓名	编号	动作 20分	浓度 20分	数量 20分	质量 20分	整体 10分	比例 10分	成绩	时间
	1								
	2								

训练项目3　蛋泡糊应用

教师规定5种适合挂蛋泡糊的原料，每组选择2种，挂蛋泡糊。或炸制成菜，或炸后拔丝，或蒸制成型，或拓展应用。

姓名	编号	拓展 20分	色泽 20分	质量 20分	应用 20分	整体 10分	技术 10分	成绩	时间
	1								
	2								

学习活动3
干粉糊的调制与应用

活动目标

1　掌握干粉糊的用料及其配比

2　掌握干粉糊的使用方法

3　掌握干粉糊的炸制方法

4　拓展、理解干粉糊的应用

活动描述

糊的调制与使用是菜肴制作的重要环节之一，原料的调制比例及技术要领须由学生反复练习、对比后硬性记忆，但其技巧须由学生自己体会、总结。

活动课时为6课时。

活动过程

教师以菜肴案例做引导，展示糊的调制及炸制过程，重点处可重复演示，启发学生思维。再由学生开展相关的小组活动，至少3次重复训练并加以探讨、总结。教师指导、检查。

教学项目 1　干粉糊的调制及炸制

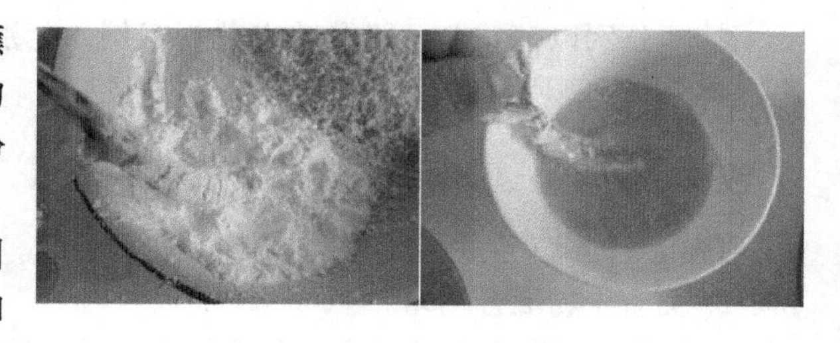

干粉湖的调制方法称为拍粉，又称蘸粉，就是使经过调味的原料表面以撒或按的方式均匀地粘上一层面粉、淀粉或其他粉料。其方法简单，但技术要求较高。

（1）干粉糊调制的种类　干粉糊的调制一般有 3 种，即单纯的拍粉、辅助性拍粉和风味性拍粉。

1）单纯的拍粉。原料经过精细的刀工处理，腌渍拍粉后用炸、熘的方法成菜。单纯的拍粉可使刀纹清晰美观、外脆里嫩、色泽金黄，多用于工艺菜肴。

2）辅助性拍粉。先在原料表面拍上一层干淀粉，再挂其他糊种，炸或煎制成菜。辅助性拍粉多用于水分含量较多、外表较光滑等不易挂糊的原料，干粉起中介作用，使糊与原料粘得更紧。

3）风味性拍粉。先在原料表面拍上一层干淀粉，再黏附各种粉料，如果仁类、面包、芝麻等，但粉料不宜过大，如芝麻鱼排、奶酪土豆球等。风味性拍粉多用于大片或卷、筒形原料。

（2）拍粉原料的调味

1）若是原料拍粉后直接煎或炸制成菜，那原料要在拍粉前腌渍调味，且味要腌足，也有的菜肴附带味碟调味，多以咸鲜味为主，如“干煎小黄鱼”“干炸带鱼”等。

2）若是原料拍粉后再用炒、熘、焖、炸、煮等方法成菜，那原料要在拍粉前调以基本的咸味，菜肴主味再行调制，如“果味肉丝”“糖醋菊花鱼”“煎焖鲤鱼”等。

（3）拍粉的技术要领

1）若菜肴成品色泽、质感要求较高，可用生粉或绿豆淀粉掺入适量的吉士粉，其他用普通的淀粉或面粉即可。

2）拍粉时要将原料表面的多余水分去除，要拍匀、粘牢，不宜带有多余的粉粒。

（4）拍粉后的炸制　拍粉炸制的菜肴色泽多为金黄色，质感要求外焦脆里鲜嫩，故炸制时应炸制 2 次。初炸油温五成热，炸熟即可；复炸油温七成热，炸至质感、色泽符合要求即可。

教学项目 2 单纯的拍粉

教师分别以菊花鱼、脆鳞鸡米花为案例，分别演示、讲解一次性拍粉和反复性拍粉的应用、操作要领、所用粉料及炸制时的火候把控。

案例 1 菊花鱼

将切好的菊花鱼用葱、姜、花椒、料酒、盐、胡椒粉腌渍 20 分钟；然后将 500 克绿豆淀粉、25 克吉士粉混合均匀。

将腌制好的菊花鱼的多余水分用净洁布吸干后，在其周身及刀口连接处均匀拍粉，若感觉粉太薄，可拍 2 次，然后抖净多余粉粒。

油入锅中加热至五成热时，提住鱼皮刀口向下，入油炸制。因鱼丝易断，可适时翻身，但不宜多翻。期间可用手勺舀热油浇淋，并注意菊花鱼的形态塑造。

炸制 2 次。初炸至定型、浅黄色捞出；然后大火将油烧至七成热，复炸，待质感焦脆、色泽金黄时捞出。

1

2

3

拓展应用

上面案例为菊花鱼拍粉后，直接炸制成菜。若采用炸溜之法，可浇以糖醋汁，即为“糖醋菊花鱼”；浇以茄汁或柠檬汁，即为“茄汁菊花鱼”“柠檬菊花鱼”。

若将原料改以不同的刀工处理，用同样的方法拍粉后，可做成“棒子鱼”“松鼠鱼”等。

单纯拍粉后的原料可炒、可炸、可煎、可蒸、可熘、可焖。但粉料及拍粉厚薄应根据菜肴的质量要求有所选择。

案例 2 脆鳞鸡米花

将切好的鸡米用葱、姜、花椒、料酒、盐、胡椒粉腌渍 20 分钟；然后将低筋面粉 1000 克铺放入托盘内。

将腌渍好的鸡米散放于面粉上，上面撒一层粉后，双手同时按顺或逆时针方向轻压轻揉，使鸡米表面均匀粘匀第一层面粉。

轻轻抖去多余的面粉，散入于漏勺内，浸入净水中，确保所有鸡米都被均匀浸湿（不要翻动）。2 秒后取出，沥去多余水分。

将浸湿的鸡米再次放入面粉中，运用第一次拍粉的手法，再一次将鸡米均匀粘上第二层面粉。

再重复浸湿鸡米一次，重复运用拍粉的手法，再一次将鸡米均匀地粘匀第三层面粉，然后抖去多余粉料并抖散开来。

待净油烧至四成热时，将拍好粉的鸡米逐一放入油中，中火加热。鸡米未定型前不要用手勺翻动。

鸡米定型后，用手勺轻推轻翻，保持四成热油温，炸至鸡米九成熟、全部漂起时，捞出并沥去多余油分。

用旺火将油加热至六成热，将鸡米放入油内，炸至色泽金黄时捞出，沥去多余油分，装盘即可。

拓展应用

运用同样的方法可以制作多种以单纯拍粉的方式达到菜肴酥脆之感的菜肴。

很多饭店多使用炸鸡裹粉、混合粉料（面粉：生粉：香辣炸鸡粉 =2 ：1 ：1）来制作鸡腿、鸡翅等菜肴，效果会更好。

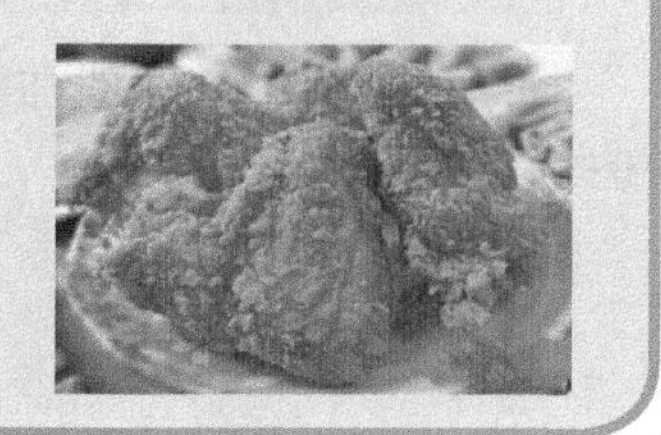

但要注意原料的扦刀处理，既有利于入味，也便于裹粉，且裹粉时须进行轻压、抖抛处理。

实践项目 1 单纯的拍粉及其应用

训练项目 1 菊花鱼

每四人一组，两扇净草鱼肉，依上述步骤及要求制作茄汁菊花鱼。教师与学生一起分析操作情况及成败原因。

姓名	编号	刀工 20分	拍粉 20分	炸制 20分	质量 20分	整体 10分	进度 10分	成绩	时间
	1								
	2								

训练项目 2 脆鳞鸡米花

每两人一组，1个鸡腿，依上述步骤及要求制作脆鳞鸡米花。教师与学生一起分析操作情况及成败原因。

姓名	编号	拍粉 20分	厚度 20分	炸制 20分	质量 20分	整体 10分	比例 10分	成绩	时间
	1								
	2								

训练项目 3 风味茄子

每两人一组，3个线茄，制作风味茄子。体会单纯性拍粉的应用。

姓名	编号	刀工 20 分	拍粉 20 分	炸制 20 分	应用 20 分	整体 10 分	进度 10 分	成绩	时间
	1								
	2								

教学项目 3 辅助性拍粉

辅助性拍粉在菜肴制作中应用很普遍，多以淀粉为主品，要求薄而少，多用于塌、煎、贴、熘、烹等。

教学项目 4 风味性拍粉

风味性拍粉经常在拍粉拖蛋液后再粘上面包渣、馒头丁、芝麻等香脆性原料，可以突出成品香脆的特殊风味，如芝麻鱼排、奶酪土豆球等。

案例 香脆洋葱圈

1. 原料准备

洋葱（0.5 个）、鸡蛋（1 个）、淀粉（100 克）、面包糠（100 克）、盐、胡椒粉、油。

2. 制作步骤

1）将洋葱剥去外皮，切成 1 厘米厚的圆片，再分成一个个的洋葱圈。加入盐和胡椒粉，搅拌均匀后腌制 10 分钟。

2）将腌好的洋葱裹上淀粉，再裹上鸡蛋液，最后裹上面包糠。

3）在锅内添油，待油烧至六成热时，将裹上面包糠的洋葱圈下锅，炸到金黄色即可。

洋葱圈的炸制方法有很多种，主要随表面挂糊的种类及风味性粉料不同而有所不同。

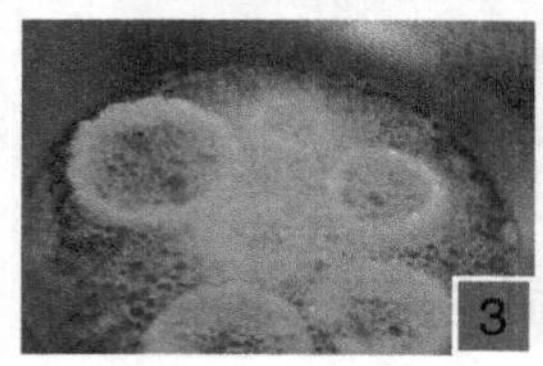

实践项目 2 辅助性拍粉、风味性拍粉及其应用

训练项目 1 炸板肉

每四人一组，250 克猪肉，制作炸板肉。教师与学生一起分析操作情况及成败原因。

姓名	编号	刀工 20 分	拍粉 20 分	炸制 20 分	质量 20 分	整体 10 分	进度 10 分	成绩	时间
	1								
	2								

训练项目 2 香脆洋葱圈

每两人一组，0.5 个洋葱，制作香脆洋葱圈。教师与学生一起分析操作情况及成败原因。

姓名	编号	拍粉 20 分	厚度 20 分	炸制 20 分	质量 20 分	整体 10 分	比例 10 分	成绩	时间
	1								
	2								

训练项目 3 雪衣豆腐

每两人一组，3 个鸡蛋，制作雪衣豆腐。体会辅助性拍粉的应用。

姓名	编号	刀工 20 分	拍粉 20 分	炸制 20 分	应用 20 分	整体 10 分	进度 10 分	成绩	时间
	1								
	2								

学习活动 4
脆炸糊的调制与应用

活动目标

1　掌握脆炸糊的用料及其配比

2　掌握脆炸糊的调制方法

3　掌握脆炸糊的炸制方法

4　拓展、理解脆炸糊的应用

活动描述

糊的调制与使用是菜肴制作的重要环节之一，原料的调制比例及技术要领须由学生反复训练、对比后硬性记忆，但其技巧须由学生自己体会、总结。

活动课时为 6 课时。

活动过程

教师以菜肴案例做引导，展示糊的调制及炸制过程，重点处可重复演示，启发学生思维，再由学生开展相关的小组活动，至少 3 次重复训练并加以探讨、总结。教师指导、检查。

教学项目 1　脆炸糊的用料及配比

1. 脆炸糊的用料

脆炸菜肴入口松脆鲜嫩，外壳呈半透明状，色泽金黄，而其制作的关键是脆炸糊的调制。

脆炸糊多由面粉、生粉、色拉油、化学疏松剂和适当的水搅拌而成，呈稀糊状。

（1）面粉　多用精制粉，色泽纯白、颗粒细腻。其成分由淀粉、蛋白质等组成，而其蛋白质由麦麸蛋白和麦胶蛋白组成。麦胶蛋白黏性好，易于粘挂；麦麸蛋白有一定的韧性和较好的抗拉强度，粉糊不会走散。由麦胶蛋白和麦麸蛋白构成的“面筋”，才使脆炸菜肴具有了一定的骨架。

（2）淀粉　仅用面粉经膨松油炸后的成品，外层不够松脆、质地不够细腻，还须加入无面筋产生的淀粉类原料来稀释面筋的浓度，补充仅用面粉产生的面筋强度过大、光洁度差、不够松脆的不足。

（3）油脂　面粉和淀粉在一起搅拌时容易使面筋黏合成块。为使成品色彩鲜艳，光亮滑润并极其松脆，还需油脂的配合，从而降低面筋的强度，使面筋在糊中均匀分布。同时油膜的相互隔离使已经形成的面筋微粒不易彼此黏合，降低脆皮糊的弹性和韧性，以达松脆之效。常用的油脂一般多为色拉油。

（4）泡打粉　脆皮糊的松脆质感主要还是加入了化学疏松剂的缘故。化学疏松剂有碱性和复合两类。碱性疏松剂主要有小苏打、碳酸氢钠等；复合疏松剂主要由碱剂、酸剂及填充剂组成，如小苏打与明矾、小苏打与酸性磷酸钙等。调制脆皮糊时多采用复合疏松剂。制品油炸受热过程中，碱剂与酸剂发生中和反应，放出二氧化碳气体，提高菜肴质量。

（5）蛋清　蛋清液具有溶解性好、凝胶性能良好的特性，具有调解剂、黏结剂的作用，蛋清液中黏蛋白能增强浆液对原料的黏附性。蛋液与淀粉调解成浆液，炸制后蛋白凝结，尤其是卵蛋白的凝结，使菜肴表面光滑。

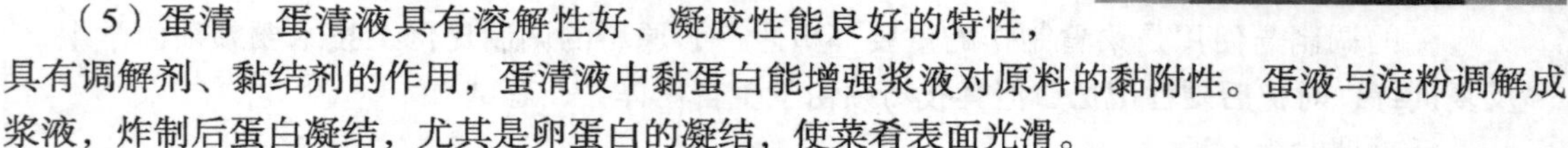

2. 脆炸糊的原料配比

脆炸糊的原料配比一般有以下 3 种：

（1）面粉 750 克、糯米粉 300 克、生粉 300 克、吉士粉 300 克、鹰粟粉 300 克、泡打粉 90 克，清水，根据要炸的原料而酌量添加至普通脆炸糊的黏稠度即可。

（2）面粉 200 克、生粉 40 克、泡打粉 6 克、色拉油 40 克、清水 400 克。

（3）中筋面粉 350 克、干淀粉 70 克、泡打粉 15 克共同放入盆中搅匀，加 500 克清水、精盐 10 克调成糊状，再加入 120 克色拉油（或花生油）、蛋清 400 克调匀，静置 15~20 分钟即可使用。

教学项目 2 脆炸糊的调制

面粉、淀粉、泡打粉三者的用量比例要恰当。尤其是泡打粉和色拉油，过多会造成表面破损，不美观，且会灌油；过少则不能充分膨胀，外壳较板结，无法达到光润饱满的要求。

调制时要先将淀粉、面粉、泡打粉、蛋清混合均匀后再搅拌，先慢后快，先轻后重，切忌搅拌上劲。充分搅拌均匀后再将色拉油倒入，与糊搅拌均匀。调制时只宜用手抓而忌用手搅。

脆炸糊调好后应稍加放置，使各粉料充分融合吸水。放置时间过短，膨松饱满的效果差；过长，会导致菜品表层破裂，一般以15~20分钟为宜。

挂糊前可以先将需要炸制的原料拍上一层薄的干淀粉。挂糊时要将原料全部包裹好。

教学项目3　脆炸糊的炸制

炸制时要掌握好油温和火候，待油四成热时将挂好糊的原料投入油锅中，并用中火使油保持在四成热。油温过低，涨发不饱满；油温过高，外部焦煳而内不熟。

具体炸制过程如下：

1）待油四成热时，将原料拍一层薄的干淀粉后，挂糊均匀，再逐一下入锅内。中火加热，保持四成热的油温。

2）待原料炸至九成熟、全部漂起时捞出待用。

3）待油至五成热时，下入原料复炸，至形态饱满、色泽达到要求时捞出装盘。

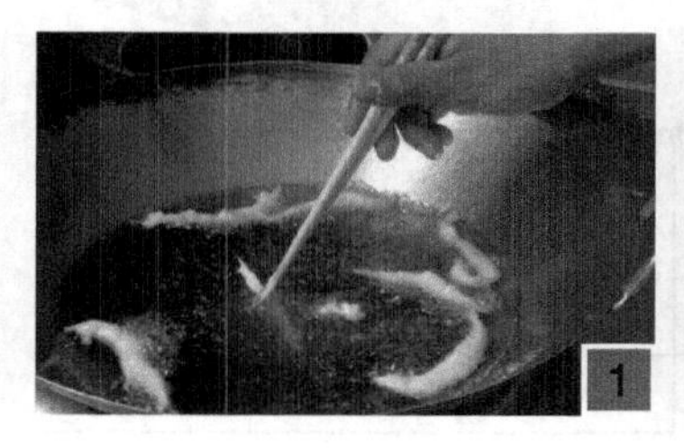

实践项目 脆炸糊的调制及其应用

训练项目 1 脆炸银鱼

每三人一组，150 克银鱼，用第二种脆炸糊的原料配比，制作脆炸银鱼。

姓名	编号	刀工 20 分	糊 20 分	炸制 20 分	质量 20 分	整体 10 分	进度 10 分	成绩	时间
	1								
	2								

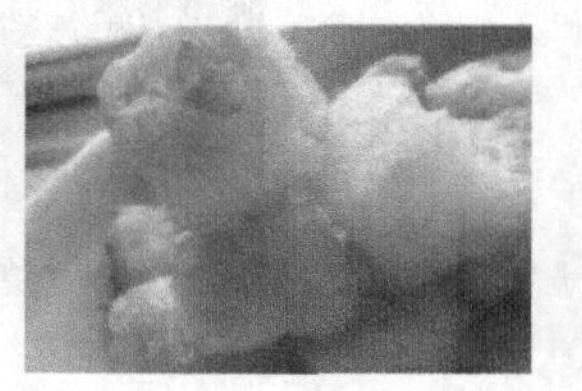

训练项目 2 脆炸香蕉

每两三人一组，1 根香蕉，用第二种脆炸糊的原料配比，制作脆炸香蕉。

姓名	编号	糊 20 分	厚度 20 分	炸制 20 分	质量 20 分	整体 10 分	比例 10 分	成绩	时间
	1								
	2								

训练项目 3 脆炸芸豆

每三人一组，10 根芸豆，用第三种脆炸糊的原料配比，制作脆炸芸豆。

姓名	编号	刀工 20 分	糊 20 分	炸制 20 分	应用 20 分	整体 10 分	进度 10 分	成绩	时间
	1								
	2								

学习笔记

通过技能训练、观看教师演示等学习，相信你已对挂糊炸制有了深刻的理解，并已具备了相应的操作技能。请认真思考、总结，完成以下学习心得。

1. 挂糊重要吗？如何炸制？

2. 酒店厨师常用的挂糊方法有哪些？

3. 糊的可变性较大？你做何理解？

学有所获

1. 要形成里外酥脆型的菜肴，应用约 140℃的油温（　　）加热原料。

A. 短时间　B. 长时间　C. 持续地　D. 多次

2. 蛋清经高速抽打后，混入（　　），体积可膨胀 8 倍，形成色泽洁白的泡沫状。

A. 淀粉　B. 面粉　C. 空气　D. 米粉

3. 脆皮糊中加入发酵粉或泡打粉，能使制品达到（　　）的目的。

A. 紧密的　B. 松散的　C. 膨松的　D. 黏稠的

4. 蛋泡糊调制后，必须（　　）使用，以达到饱满的效果。

A. 2 小时后　B. 1 小时后　C.30 分钟后　D. 立即

5. 热空气加热是在辐射热和对流热的条件下，使原料表层凝结变性，产生（　　）的菜肴。

A. 滑爽细嫩　B. 滑嫩油润　C. 润湿松软　D. 干脆焦香

6. 糊的品种不同，保护（　　）的能力也有差异。

A. 原料风味　B. 菜肴品种　C. 原料水分　D. 原料成分

7. 要形成外脆里嫩型的菜肴，应用约（　　）的油短时间复炸。

A. 120℃　B. 140℃　C. 160℃　D. 180℃

8. 脆炸糊初炸时的油应（　　）。

A. 三成热　B. 四成热　C. 五成热　D. 六成热

阶段性考核评价

组别__________ 姓名__________

评价项目	评价内容	评价等级（组评 学生自评）		
		A	B	C
职业素养	仪容仪表，卫生清理			
	责任安全，节约意识			
	遵守纪律，服从管理			
	团队协作，自主学习			
	活动态度，主动意识			
专业能力	任务明确，准备充分			
	目标达成，操作规范			
	工具设备，使用规范			
	个体操作，符合要求			
	技术应用，创造意识			
小组总评		组长签名： 年 月 日		
教师总评		教师签名： 年 月 日		

学习任务6 上浆滑油

任务流程

1. 学习活动1　油温的识别与掌控
2. 学习活动2　码味上浆
3. 学习活动3　滑油工艺

任务目标

1. 熟悉常用浆料的性质及使用方法
2. 掌握肉丝、鱼片、牛肉等的码味上浆滑油工艺
3. 掌握油温的识别与掌控方法
4. 结合案例，体会码味、上浆、滑油的综合应用

建议课时

24课时，实际用时__________课时

任务描述

质为菜之骨，而上浆、滑油是改善、提升原料质地的主要方法之一。如何根据原料性质及菜肴制作的相关要求，恰当地运用上浆、滑油和油温的调控技能，是本次任务的目的所在。

学习活动 1
油温的识别与掌控

活动目标

1 掌握油温的分类

2 掌握油温的识别方法

3 掌握油温的掌控方法

4 启发思维，为下一项活动打好基础

活动描述

油温的识别与掌握是过油技术的重要组成课题，但内容相对抽象。活动时学生自主合作，带着问题去观察、总结，在应用中学技术，能熟练掌握如何正确识别和掌握油温。

活动过程

将理论与实践相互渗透，由静态教学转为动态教学，在操作中学理论，有教有学有应用，有引导也有交流。由抽象教学转为直观教学，分小组操作，组中优、差生相搭配，引导、交流、讨论式学习。

教学项目 1 油温的分类与识别

1. 油温的分类

（1）冷油温　自然温度下油的温度，冬夏区别较大，春秋较为正常。油温多为一二成热，锅中油面平静，原料下锅后无反应。

（2）低油温　三四成热，油面平静，面上有少许泡沫，投料后略有油泡，无青烟。手置于油面上，能微微感觉到有点热。

（3）热油温　五六成热，油面泡沫基本消失，投料后响声明显，油泡较多，有少量的青烟从锅四周向中间翻动。

（4）高油温　七八成热，油面平静，大量青烟冒出；投料后响声强烈，原料四周会有大量的油泡产生，吡啦作响。

2. 油温的识别

油温的识别主要包括感观识别和仪器识别。感观识别主要根据青烟情况、油面情况、有无气泡和声音来判断；仪器识别主要用温度测试仪。而依据实践经验识别油温，则更为简单、直接，多数厨师均依据经验来识别油温。

（1）掌心感温　掌心向下，靠近油面 10 厘米左右，微热、热、烫，热感不同，对应油温低、热、高的程度不同。此方法多用于热油温以下的油温识别。

（2）原料试温　用带有水分的大葱等原料或用木筷醮水后放入油内，油泡从无到有、反应由小至大，对应油温低、热、高的程度不同。此方法主要用于低、热油的温度识别。

（3）时间火力定温　反复操作，经验增多，依据加热时间及所用火力的大小就能知晓油的温度区间。例如，500 克油旺火加热 1 分钟，油温约为 120℃。

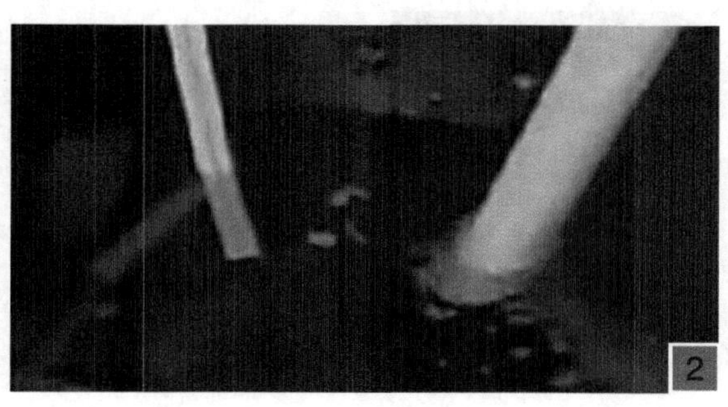

教学项目 2 油温的掌控

1. 根据火力大小掌控油温

旺火加热时，下料的油温可低一些；中小火加热时，下料的油温可高一些。油温过高应立即熄火或离火，或掺入冷油来降低油温。

2. 根据原料的多少及老嫩状况掌控油温

原料多，油温应高一些；原料少，油温应低一些。原料形大质老，油温可高一些；原料形小质嫩，油温可低一些。

3. 根据菜肴的质量要求掌控油温

要求外表香脆的（外表粘上了芝麻、松仁、面包糠等香脆性原料），应使用精制植物油，油温可低一些。

要求外脆里嫩或进行炸溜的，油温可先高（定型炸）后低（炸熟、炸透），再升高油温复炸（又称脆表炸）。

要求外表洁白的，应使用精制植物油，油温低一些。

教学项目 3 油温的应用

1. 冷油温

适合炸制坚果类，如油炸花生米等；沸炒纯色酱料，如沸炒番茄酱、柠檬汁等；松炸类菜肴，如雪丽香椿等。多用小火加热，且要保持油温在 30~100℃。

2. 温油温

多用于滑油，如肉丝滑油；煎贴塌类菜肴，如煎鸡蛋饼等；沸炒复合酱料，如沸炒甜面酱、蚝油等；蔬菜类原料过油，如杭椒等。多中火加热，保持油温在 90~120℃。

3. 热油温

多用于挂糊原料初炸，如干炸里脊等；炸炒熘爆等类菜肴，如炒辣子鸡等；小料炝锅等，应用最为普遍。多中火加热，保持油温在 150~180℃。

4. 高油温

多用于挂糊原料复炸，如香炸虾球等；原料走油处理，如腰花、鱿鱼卷走油；油淋、火爆等类菜肴。多旺火加热。

实践项目 油温的掌控与应用

训练内容1　每两人一组，根据上述关于油温的识别内容，逐一进行油温的识别与掌握。多观察、多总结，师生、学生之间多提示交流，并做好记录。

姓名	类别	投料反应	油面状况	经验总结	备注
	冷油温				
	低油温				
	热油温				
	高油温				

训练内容2　每两人一组，结合油温的应用知识及油温识别技能，分别制作炸花生米、酱爆辣椒各一份，并认真体会，作为记录。

姓名	类别	菜肴质量	油温运用	经验总结	备注
	炸花生米				
	酱爆辣椒				
	炸花生米				
	酱爆辣椒				

学习活动 2 码味上浆

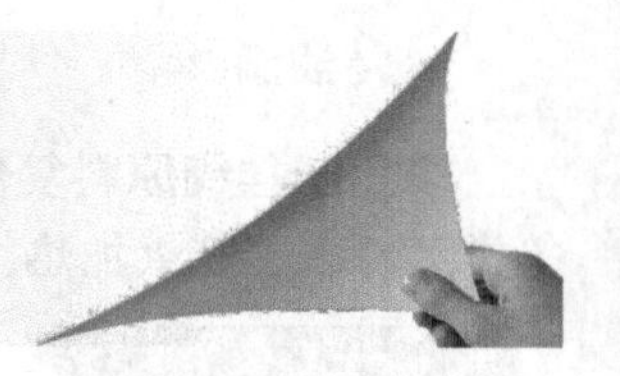

活动目标

1 掌握码味的方法

2 掌握原料上浆的工艺、过程

3 掌握肉丝、鱼片等的上浆方法

4 启发思维，为下一项活动打好基础

活动描述

码味上浆是菜肴调味、改善原料质感、提升菜肴风味的重要方法。学生须在老师的演示、引导下认真完成相关的实践，带着问题去观察、总结，在应用中学技术，能熟练掌握码味上浆技能。

活动过程

教师根据教学目标，选择相关案例，将理论与实践相互渗透，分析演示相关的技能项目。学生分小组操作，组中优、差生相搭配，师生、学生之间相互交流、讨论，完成相关实践。

教学项目 1 码味工艺

1. 码味的实践性理解

正式烹调前将加工成形的原料，用食盐、酱油、糖、料酒、姜、葱、香料等腌渍，称为码味。码味多作为基础性调味，除异增味、吸水致嫩。但挂糊炸制的菜肴多为决定性调味。

码味是刀工成形后、正式烹调之前的一个工序，凡上浆的原料均须进行码味处理。

2. 码味的方法

码味既可单独操作，又可与上浆同时进行。

要求色泽洁白的原料，须将其放入清水中浸泡或慢流水冲洗，进行漂白处理，如鱼片、鸡丝、虾仁等，以去其血污，使其色泽洁白、素净。这类原料要单独码味。

羊肉因有羊膻味，宜加入适量的苏打粉除去膻味，使其嫩滑利爽。因牛肉肌肉纤维粗糙，宜加入适当的苏打粉、嫩肉粉等使其吸水致嫩。这两种肉可码味、上浆同时进行，但需较长时间。

码味的方法有以下 3 种：

（1）只用精盐码味　多用于蔬菜类原料，利用盐的渗透压作用，吸出原料过多的水分，可渗透入味，保持原料的细嫩鲜脆。一般码味的盐量为：烹饪时不再调味的为原料质量的 1.2%~2%；还要调味的为原料质量的 0.8%~1.2%。

（2）用精盐、料酒、味精、姜、葱、花椒等配合码味　主要用于荤腥类原料，可除去腥膻异味，突出鲜香，增味，成菜鲜嫩。需提色的原料可加酱油等有色味料码味。此方法多用于炒、熘、爆等菜肴。

（3）用精盐、香料等配合码味　主要用于挂糊炸制、长时间烹制、不易入味的原料码味，如把子肉、腊肉、酱鸡等。此方法在去除原料血水、异味的同时，能渗透入味，提香、保鲜、增色。

1

2

3

教学项目 2 上浆工艺

1. 上浆的实践性理解

将加工好的原料粘上一层黏性的粉浆，使成品滑软鲜嫩。上浆适用于质嫩的小型动物性原料，多采用中等油量、温油锅进行加热。

2. 上浆所用的材料

上浆所用的原料主要有蛋清、淀粉、盐、食用油等。

（1）鸡蛋清　蛋清用量一般为：500克畜禽类原料放入70~80克蛋清；500克水产类原料放入50克蛋清。蛋清要新鲜且搅打均匀。

蛋清加热后变性凝固，可防止原料收缩、断裂、碎烂，乃至卷缩、干瘪等。使原料色泽洁白、柔软并产生弹性，增加菜肴质感。

（2）淀粉　淀粉的用量一般为原料质量的0.5%，多为湿淀粉，个别原料可用干淀粉。淀粉加热后糊化，能黏附于原料表面，提升透明度、光泽度，保持原料的形状。上浆后要焯水的原料多用红薯或马铃薯淀粉；过油、煸炒的原料多用玉米淀粉。

（3）盐　盐在低浓度时，产生透析作用，使肉类原料中的肌球蛋白（盐溶性蛋白质）的多肽键伸展，原料表面变得黏稠。再经搅拌，外界水分被吸进原料内部，蛋白质分子吸水膨胀，体积增大，达到“上劲”的目的。

此时加入淀粉，可将原料整个包裹起来，犹如给原料表面穿了件“衣服”。

要掌握好盐的用量，不可过多。盐的渗透性很强，过量使用，不仅使口味过咸，还会使原料中的蛋白质分子处于高渗透状态，使原料中的水分排出，使原料变硬变老。

（4）食用油　加食用油是为了更好地锁住水分，防止营养和水分流失，避免原料入油时油花四溅。不易脱浆，更不易粘锅底。

静置时加食用油封面，下锅前拌匀。

3. 适合上浆的原料

（1）畜禽类　动物性原料的肌肉组织，多加工成丁、丝、片、条等小型形状。

原料最好选择冷却肉或成熟时期的肉，质松软，有弹性，切面水分较多，有特殊的肉香味和鲜味，易上浆。

要注意肉质部位的选择。猪肉选里脊、通脊、黄瓜条肉、弹子肉；牛肉选外脊、牛柳部位；羊肉选扁担肉；鸡肉宜选鸡胸肉。

（2）水产类　多用鲜活或冷冻时期的原料，肉质滋润饱满，易成形，易上浆。此类原料宜选择肉厚刺少的黑鱼、桂鱼、草鱼等。

（3）小型整料　指新鲜度较高的虾仁、鲜贝等小形原料，上浆前用干净毛巾吸去表面水分。

4. 浆料类别

（1）蛋清浆　将蛋清搅散，与原料拌匀，再加入湿淀粉调匀。此浆料适合于滑炒里脊丝、油爆鲜贝等白色菜肴上浆。

参考标准：原料500克、蛋清50克、淀粉25克。

（2）全蛋浆　由整个鸡蛋加湿淀粉调制而成，适用于爆炒肉片、宫保鸡丁等滑油类、色泽较深的菜肴上浆。

参考标准：原料500克、全蛋50克、淀粉25克。

（3）水粉浆　先将原料用调味品码味，再将淀粉与原料调拌均匀，多用于普通原料的上浆，成菜柔软、滑嫩。鱿鱼、猪腰等含水量较多的原料，多以干淀粉上浆。浆料的量以能裹住原料为宜。

参考标准：原料 500 克、淀粉 50 克。

（4）苏打浆　先用小苏打、盐、水等腌渍原料，后加入蛋清、淀粉拌匀。浆料拌好后，最好静置一段时间再用。此浆料主要适用于质地较老、纤维较粗的牛、羊肉等原料上浆。

参考标准：原料 500 克、蛋清 30 克、淀粉 30 克、小苏打 8 克、盐 10 克、水适量。

5. 上浆的方法

（1）直接拌合法　将码好味的原料直接加入蛋液、淀粉拌匀。

（2）挂、浇法　将码好味的原料逐一从浆中拖过，整齐摆入盘中，再在其表面浇一层浆液。工艺菜肴如鸳鸯鱼卷等多用此法。

6. 上浆的着色方法

需要特殊色泽的菜肴，原料上浆时可适当加入带色的调味品，主要有以下 3 种色泽：

（1）酱红色　适量加入酱油、老抽、面酱等，如酱爆鸡丁、京酱肉丝等。

（2）红色　适量加入番茄酱、蚝油等，如茄汁鱼片、果味肉丝等。

（3）黄色　适量加入吉士粉、柠檬汁等，如柠檬滑鸡柳等。

7. 上浆的技巧

（1）提前上浆

1）多数采用提前上浆。原料经搅拌上浆后，封上保鲜膜，放入 0~2℃的冰箱内放置 0.5~2 小时。细嫩的肉丝、鱼片等放置 0.5 小时；老硬的牛肉丝、羊肉片等放置 2 小时左右。

2）少数采用提前上浆。加热前 15 分钟，只用水或蛋液为原料上浆一次；在入油加热前用水或蛋液补浆一次，然后再拌入淀粉调匀。

（2）轻抓慢捏　上浆多采用抓捏的手法。动作要轻，要防止抓碎原料，尤其鱼丝、鸡丝更要注意。开始要慢，当浆已均匀分布时，动作可稍快，利用机械摩擦促进浆水的渗透，但快不等于手重。

原料经过搅拌，表面黏度越来越大，劲力也随之增加，最终水分完全被原料吸收。

（3）上浆的标准判定　原料经加热成熟后质感嫩滑、鲜软透亮，表面看不出肉纹。

（4）加水致嫩　各类原料的加水量因质地不同而异。加水量参考比例：

1）黄牛肉为 1 ： 0.5。

2）鸡肉 1 ： 0.15。

3）鱼肉 1 ： 0.05。

所加的水通常为葱姜水；若原料腥异味较浓，可加入花椒水等。

加水须分多次加入，不能一次性加入。

（5）适量使用嫩肉粉　为将易老、韧、硬的原料变得较为柔嫩滑软，码味上浆时可加入适量的嫩肉粉。

先用温水将嫩肉粉溶化，再拌入原料中，静置约 1 小时。

（6）原料脱浆　脱浆是指烹饪过程中粉浆与原料发生了分离。表面原因是油温过低，又加频繁地搅动原料造成的，但根本原因是上浆未能搅拌上劲，原料吐水，造成淀粉、蛋液与原料脱离。

8. 上浆的工艺流程

（1）清洗　浸泡清洗以祛除血水和异味。原料、菜品不同，浸泡的时间不同。

孜然羊肉类约为 8 小时；小炒羊肉类不泡水；黑椒牛柳类约为 6 小时；水滑牛肉类约为 0.5 小时；虾仁类约为 10 分钟；猪肉片约为 15 分钟。

（2）加味　加盐最为重要，须将原料内的“肉汁”抓出，抓出黏性。目的是调味、帮助原料入底味。加盐的同时或在其前后放入胡椒粉、酱油等其他调味品，抓拌均匀。例如，鲜花椒、青椒、水煮等系列菜肴，多加入花椒粉；腥膻异味较大的原料可多放些料酒，腌制时间长一些；牛、羊肉等质地老韧的原料，还要另加适量的嫩肉粉或小苏打，静置 20 分钟效果比较好。

（3）加水润剂　水润剂多为清水、料酒、花椒水、生姜汁、蔬菜水、蒜汁等，可以使原料吸收足够的水分，致肉质鲜嫩，祛味增香。原料不同，选择的水润剂不同。

海鲜类多用葱姜水、东米酒；禽畜类多用清水；大肠、腰花等腥臭味比较重的食材类，多用花椒水、蒜水；牛肉和乳鸽类多用蔬菜水；鱼片类多用生姜汁。

水润剂尽量不要一次加入，可多分两三次加入。

（4）加蛋液　鸡蛋打散，加入原料内，用抓捏的方法，使蛋液与原料充分拌匀。但应根据菜肴的质量要求选择适合的全蛋液、蛋清液或蛋黄液。

全蛋液应用最为广泛，一般的禽畜肉类都适合；蛋清液多用于要求色泽洁白的菜肴，如滑炒里脊丝等；蛋黄液可以使原料呈现金黄的色泽，如香煎银鳕鱼等。

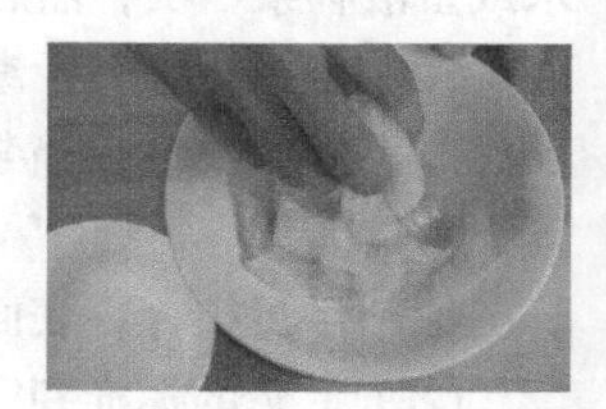

参考标准：500 克原料，添加 50 克的蛋液。

（5）加生粉　多用湿生粉，要抓匀抓透，使浆上劲，使原料表面全部包裹起来。用手抓一把原料捏挤，没有汁液从指缝间流出为好。最好分两次加入，每一次都要搅拌均匀。

参考标准：每 500 克原料加生粉 25 克。

（6）加食用油　加食用油是为了更好地锁住水分，防止营养和水分流失，避免原料入油时油花四溅。不易脱浆，更不易粘锅底。

静置时封面，下油前拌匀。

拓展应用

上浆后的原料可制作氽、煮类菜肴，上浆后的原料不入油，而是放入滚汤中氽、煮成菜，如水煮肉片，水浸鱼丝等。

上浆后的原料可制作煎、贴塌类菜肴，先将原料码味、拖浆，后放入锅中，先煎、贴，再烹汁成菜，如锅塌豆腐、锅贴鱼盒等。

利用浆的黏性，可对包、卷类菜进行封口，如柠汁鱼卷、蛋卷等。

实践项目1 椒麻鱼片

1. 实践目的

强化刀工项目：鱼片、切成片。

巩固新学技术：码味的方法，以及上浆的原料选择、方法、工艺流程、要求等。

拓展新技术：上浆原料的滑（汤）烫处理等。

2. 实践内容

每两人一组，500克龙利鱼肉。每人制作椒麻鱼片各一份。强化记忆码味与上浆的工艺流程、操作过程，拓展上浆后原料的应用与控制技能。

3. 实践方法

教师不给学生演示，只告诉学生调何味、何色、工艺流程、汤多少、勾芡与否等。

学生利用新学技术，重点体会并掌握与码味、上浆相关的技能，至于菜肴做的质量如何，暂不做硬性要求，但要用心体会码味、上浆对于菜肴质量的影响。

实践项目2 杭椒牛柳

1. 实践目的

强化刀工项目：牛肉长方片的切制。

巩固新学技术：码味的方法、苏打浆的选择与应用、工艺流程、要求等。

拓展新技术：蔬菜原料的滑油处理等。

2. 实践内容

每两人一组，500克牛里脊肉。每人制作杭椒牛柳各一份。强化码味、苏打浆上浆的工艺流程、操作过程，巩固油温的识别与控制技能。

3. 实践方法

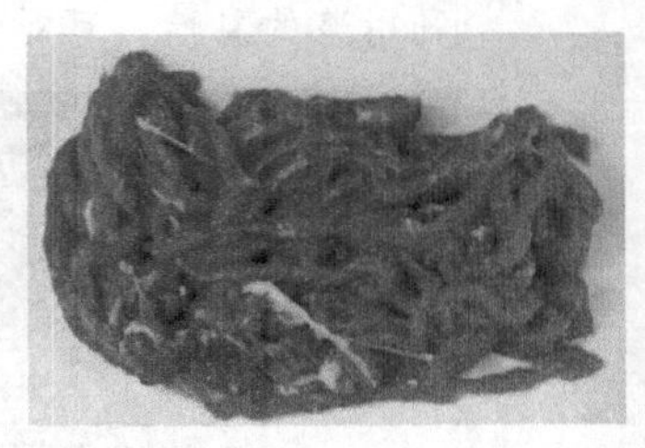

教师不给学生演示，只告诉学生调何味、何色、工艺流程、汤多少、勾芡与否等。

学生利用新学技术，重点体会并掌握与苏打浆相关的调制与应用技能，至于菜肴做的质量如何，暂不做硬性要求，但要用心体会苏打浆对于菜肴质量的影响。

实践项目3 水煮肉片

1. 实践目的

强化刀工项目：猪里脊切长方薄片。

巩固新学技术：码味的方法，以及上浆的原料选择、方法、工艺流程、要求等。

拓展新技术：上浆原料的滑水（汤）处理等。

2. 实践内容

每两人一组，400克猪里脊肉。每人制作水煮肉片各一份。强化掌握码味与上浆的工艺流程、操作过程，体会上浆原料的过水（汤）处理技术，巩固麻辣味的调制技能。

3. 实践方法

教师不给学生演示，只告诉学生调何味、何色、工艺流程、汤多少、勾芡与否等。

学生利用新学技术，重点体会并掌握与码味、上浆相关的技能，至于菜肴做的质量如何，暂不做硬性要求，但要用心体会码味、上浆对于菜肴质量的影响。

4. 实践记录

码味上浆的实践性考核与总结

姓名	类别	粉浆类别	油（汤）应用	上浆状况	经验总结
	滑炒里脊丝				
	杭椒牛柳				
	水煮肉片				
	其他				

5. 实践拓展

码味上浆的拓展性应用

姓名	类别	码味方法	粉浆类别	浆后处理	菜肴影响
	熘肝尖				
	沸腾水煮鱼				
	滑炒鸡丝				

学习活动 3 滑油工艺

活动目标

1 掌握滑油的油温及掌控方法

2 掌握滑油的工艺流程

3 掌握滑油的质量要求

4 启发思维，为下一项活动打好基础

活动描述

滑油是丰富菜肴口感、提高菜品美观度、改善原料质感、提升菜肴风味的重要方法。学生须在老师的演示、引导下认真完成相关的实践，带着问题去观察、总结，在应用中学技术，能熟练掌握滑油技能。

活动过程

教师根据教学目标，选择相关案例，将理论与实践相互渗透，分析演示相关的技能项目。学生分小组操作，组中优、差生相搭配，师生、学生之间相互交流、讨论，完成相关实践。

教学项目 1 滑油的油温掌控

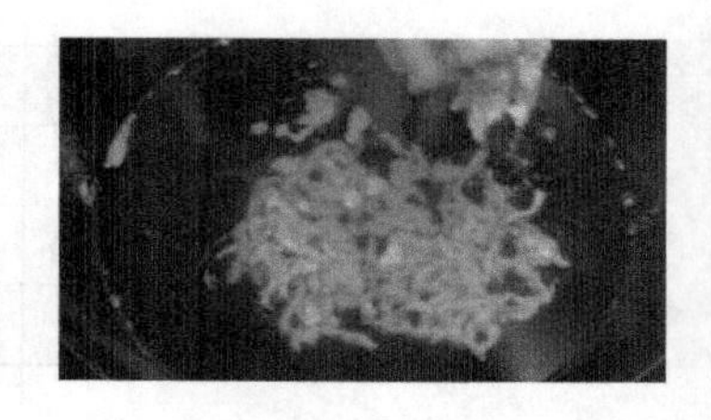

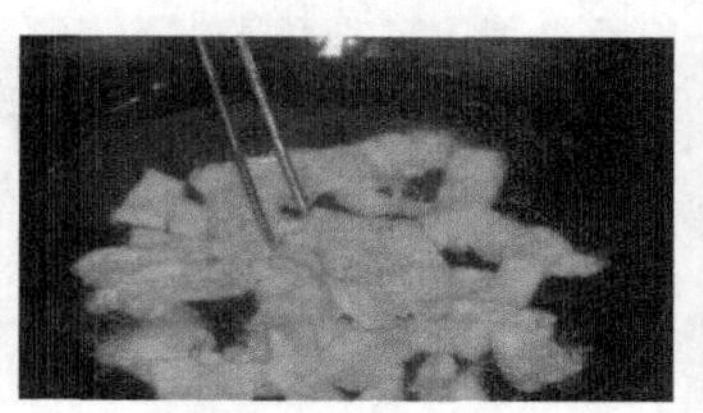

质嫩、形小的猪、鸡、鱼类等原料，下料时为热锅凉油，即炙锅后加入凉油，即时下入原料，小火加热。若为肉丝、鱼丝、鸡丁等，炙锅须彻底。

质嫩、形较大的家畜、家禽类等原料，下料时 100℃为佳（三四成热），中火加热。如肉片、鱼片、鸡柳等。蔬菜类滑油也多用此油温。

经苏打浆处理后的牛、羊肉等原料，下料时以 150℃为佳（四五成热），中火加热。如羊肉厚片、牛柳等。

含水分较多的家畜、家禽的内脏类原料，下料时以 200℃为佳（六七成热），旺火加热。如腰花、肝尖、胗脏等。严格讲应为促油，加热时间要短。

教学项目 2 滑油的工艺过程

1. 滑油的实践性理解

将加工成形的小型原料上浆后，用中油量低油温，将原料滑散至断生。

先将炒勺洗净、擦干，烧热后放油加热到三四成热，再放入原料划散，捞出控油待用。

2. 滑油的质量要求

大多数滑油的原料都要上浆，以保持原料本身香鲜、细嫩、柔软的特性。

上浆滑油后，因上浆和低温加热的共同作用，使成品口感滑爽脆嫩、肴爽滑润泽、色彩亮丽、形状美观。

3. 滑油的先期准备

1）根据菜肴要求准备相应的油料：多数用清油、色拉油，少数用猪大油、鸡油。

2）须用的工用具：手勺、漏勺、铁筷子。

3）炙好锅，热锅凉油。

4. 滑油的过程

（1）炙好锅，热锅凉油　通常是先将炒勺洗净炙锅后，放油加热到三四成热，放入原料划散至断生，连油带料一并倒入漏勺内，控油待用。

要注意适时将锅上、下火，或调整火力，使油温保持在100℃左右。

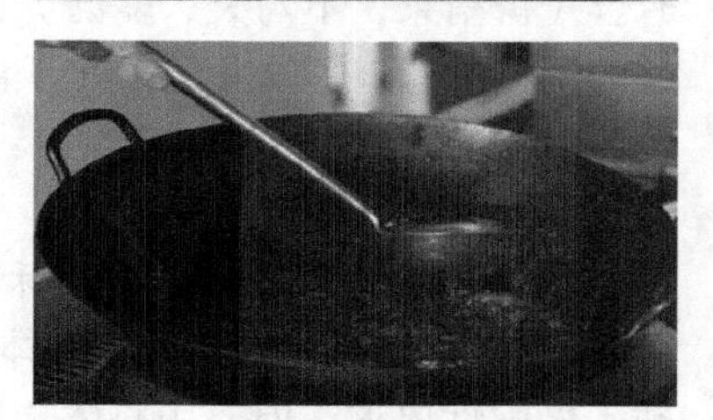

将空锅烧热，下入冷油（多为两手勺的量，加入的油最好多点），旋转锅身，或用手勺搅动，使油向四周散开，润滑至锅壁周身，保持光滑。至油烟明显时沥去油，反复进行2~3 次。这样炙好的锅光滑、油润、干净。

（2）加入油，调好火力

1）控制好油量。一般为原料的 3~4 倍（按重量计算），油温为 100℃左右。

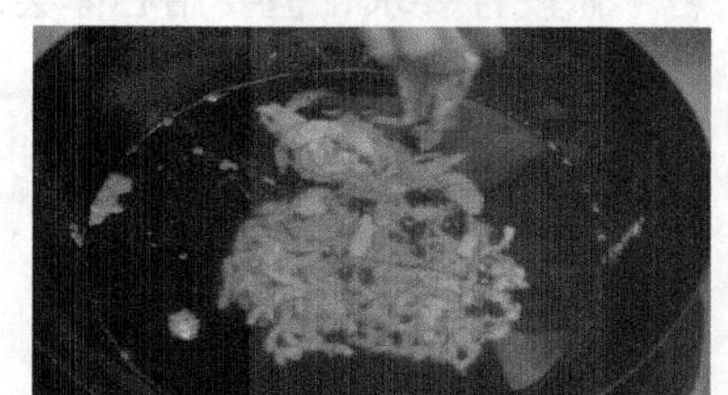

2）调整好火力。形大料多的多用中火加热；形小料少的多用小火加热。

（3）拌好料，抖散入锅

1）拌好料。用于滑油的原料多在上浆后封一层油脂，下锅前将油与原料拌匀。

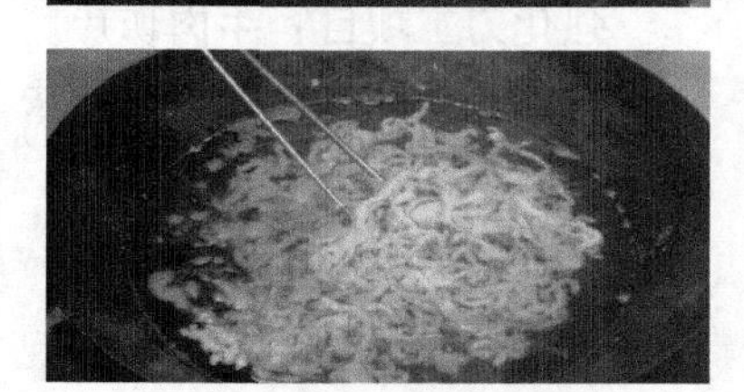

2）抖散入锅。五指散开且虚拢，抓起原料，五指交替伸缩或手掌抖动，将原料入锅。

（4）原料拨散，防止粘连　原料全部入锅后，用铁筷子（或竹筷）将原料拨散。先挑拨，后抄拌，最后逆、顺时针滑转，均三四下即可。直至将原料全部拨散开来。

（5）料油并出，沥油待用　加热至原料达到质量要求（爽滑润泽、色彩亮丽、断生九成熟）时，将油、原料一并倒入漏勺内，沥油待用。倒时可用手勺托挡一下。

5. 滑油的应用

用于上浆滑油的原料主要为质嫩形小的动物性原料。

滑油后的原料多用于爆、滑炒、熘、烧、煮、烩、拌等烹饪方法。

实践项目 1 滑炒里脊丝

1. 实践目的

强化刀工项目：下片成片，推切成丝。

巩固相关技术：上浆的方法、过程、工艺等。

拓展新技术：滑油的方法、过程、工艺、要求等及滑油处理后的原料应用。

2. 实践内容

每两人一组，500 克猪里脊肉。每人制作鲁菜之滑炒里脊丝（济南菜，不勾芡、多汤）各一份。强化记忆滑油与上浆的工艺流程、操作过程，巩固油温的识别与控制技能。

3. 实践方法

教师不给学生演示，只告诉学生调何味、何色、工艺流程、汤多少、勾芡与否等。

学生利用新学技术，重点体会并掌握与上浆、滑油相关的技能，至于菜肴做的质量如何，暂不做硬性要求，但要用心体会滑油上浆对于菜肴质量的影响。

实践项目 2 蚝油牛肉

1. 实践目的

强化刀工项目：牛肉切片。

巩固相关技术：上浆的方法、过程、工艺等。

拓展新技术：滑油的方法、过程、工艺、要求等及滑油处理后的原料应用。

2. 实践内容

每两人一组，500 克牛里脊肉。每人制作蚝油牛肉各一份。强化记忆滑油、上浆的工艺流程、操作过程，巩固油温的识别与控制技能。

3. 实践方法

教师不给学生演示，只告诉学生调何味、何色、工艺流程、汤多少、勾芡与否等。

学生利用新学技术，重点体会并掌握与上浆、滑油相关的技能，至于菜肴做的质量如何，暂不做硬性要求，但要用心体会滑油上浆对于菜肴质量的影响。

4. 实践记录

滑油工艺的实践性考核与总结

姓名	类别	粉浆类别	油温	色泽	火力	经验总结
	滑炒里脊丝					
	蚝油牛肉					
	其他					

5. 实践拓展

滑油工艺的拓展性应用

姓名	类别	码味方法	粉浆类别	浆后处理	油温	菜肴影响
	清炒膳糊					
	椒麻腰花					
	金汤鲈鱼片					

学习笔记

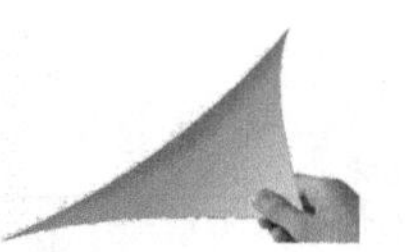

通过技能训练、观看教师演示等，相信你已对码味、上浆、滑油有了深刻的理解，并已具备了相应的操作技能。请认真思考、总结，完成以下学习心得。

1. 码味、上浆、滑油的方法各有哪些？如何应用？

2. 如何较好的识别和掌控油温？

3. 举例说明上浆、滑油的重要性。

学有所获

1. 为防止原料滑油时粘勺，须（　　）。

A. 油量大　　B. 热锅凉油　　C. 少投料　　D. 高油温

2. 嫩肉粉致嫩：每千克肉料用嫩肉粉（　　）克。

A. 5~6　　B. 2~3　　C. 3~4　　D. 6~7

3. “爆炒腰花”最适宜的粉浆为（　　）。
A. 蛋清浆　B. 蛋黄浆　C. 湿粉浆　D. 干粉浆
4. 肉丝上浆时如需调色，应使用（　　）。
A. 酿造酱油　B. 勾兑酱油　C. 深色酱油　D. 浅色酱油
5. 蚝油牛肉码味上浆时须放入（　　）致嫩。
A. 盐水　B. 生抽　C. 生粉　D. 小苏打
6. “水煮肉片”最适宜的成熟方式为（　　）。
A. 滑水法　B. 滑油法　C. 走油法　D. 冷煮法
7. “酱爆鸡丁”滑油时应用（　　）。
A. 旺油　B. 热油　C. 温油　D. 冷油
8. 原料在上浆前须经（　　）处理。
A. 冷藏　B. 腌制　C. 码味　D. 泡水

阶段性考核评价

组别__________　姓名__________

评价项目	评价内容	评价等级（组评 学生自评）		
		A	B	C
职业素养	仪容仪表，卫生清理			
	责任安全，节约意识			
	遵守纪律，服从管理			
	团队协作，自主学习			
	活动态度，主动意识			
专业能力	任务明确，准备充分			
	目标达成，操作规范			
	工具设备，使用规范			
	个体操作，符合要求			
	技术应用，创造意识			
小组总评		组长签名： 年　月　日		
教师总评		教师签名： 年　月　日		

学习任务 7 勾芡淋油

任务流程

1 学习活动 1 勾芡、淋油的原料认知

2 学习活动 2 勾芡

3 学习活动 3 淋油

任务目标

1 熟悉常用勾芡、淋油的原料及使用方法

2 掌握勾芡的方法及其应用

3 掌握淋油的方法及其应用

4 结合案例，体会勾芡、淋油的综合应用

建议课时

16 课时，实际用时__________课时

任务描述

勾芡、淋油是改善、提升菜肴质量的主要方法之一，对菜肴的色泽、亮度、口感等均有着重要的作用。如何运用恰当的勾芡、淋油技术是本次任务的学习目的所在。

学习活动 1
勾芡、淋油的原料认知

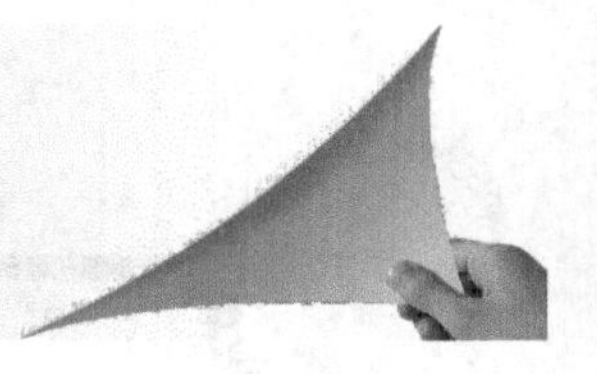

活动目标

1	熟悉粉汁及其应用
2	熟悉芡汁及其应用
3	熟悉明油的类别
4	启发思维，为下一项活动打好基础

活动描述

此活动由学生在教师指导下自主完成。学生通过预习完成活动中的任务内容。对于在以后活动中实际应用到的某些内容，教师可重点提示并做相关的重复学习，也可结合菜肴个案，进行讲解、分析。

活动过程

教师可提前布置预习任务，学生自行学习，结合相关的实践性理论知识，仔细研读，认真思考。对于拓展性的内容，可以相互探讨或以小组学习形式一并达成任务。教师督促、检查。

预习任务　勾芡、淋油原料的相关知识

预习学习活动 1 的相关知识，完成以下任务

1. 水淀粉的主要原料是（　　）。

A. 调味品　　B. 淀粉　　C. 鲜汤　　D. 水

2. 碗汁芡的主要用料是（　　）。

A. 调味品　　B. 淀粉　　C. 鲜汤　　D. 水

3. 糖醋鲤鱼所用的粉汁为（　　）。

A. 兑汁　　B. 碗汁　　C. 湿淀粉　　D. 干淀粉

4. 鸡蛋汤的芡汁为（　　）。

A. 包芡　　B. 糊芡　　C. 流芡　　D. 米汤芡

5. 酱爆鸡丁的芡汁为（　　）。

A. 包芡　　B. 糊芡　　C. 流芡　　D. 米汤芡

6. 勾芡最经常使用的淀粉为（　　）。

A. 玉米淀粉　　B. 红薯淀粉　　C. 绿豆淀粉　　D. 都可以

7. 下列油料中，不常作为尾油使用的是（　　）。

A. 葱油　　B. 鸡油　　C. 辣椒油　　D. 豆油

8. 尾油主要的作用为（　　）。

A. 提味　　B. 增鲜　　C. 增亮　　D. 增香

9. 红烧类菜肴淋入的尾油多为（　　）。

A. 花椒油　　B. 香油　　C. 五味油　　D. 红油

勾芡粉汁认知：

（1）粉汁主要包括单纯粉汁和兑汁两种。

1）单纯粉汁。只用淀粉加入清水或鲜汤拌和而成，常称“湿淀粉”或“水淀粉”，有稠汁、保温、提亮、炫色的作用。

2）“兑汁”（“碗汁”）。湿淀粉中加入调味品、鲜汤调制而成，有调味、勾芡、调色三重作用。

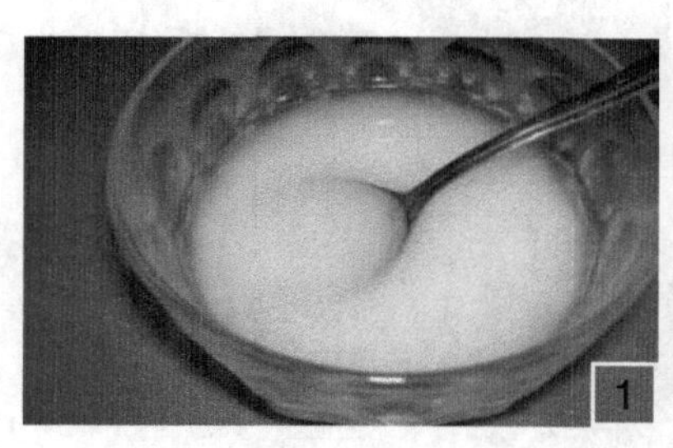

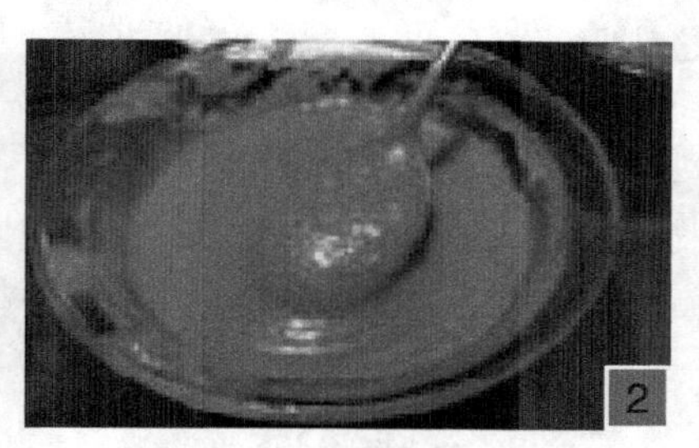

例如，制作“一品山药”所用的蜜糖，用的就是碗汁（蜂蜜1汤匙、白糖100克、猪油和芡粉少许，加热而成）。

“鸡蛋汤”等菜，多用单纯粉汁，在恰当的时机勾芡。一般是将原料、汤汁、调料下好后，再用淀粉汁勾芡。

（2）粉汁加热后，使菜肴的汤汁糊化，成为芡汁　芡汁一般分为厚芡和薄芡两种。厚芡主要分为包芡、糊芡两种；薄芡主要分为流芡、米汤芡两种。

1）包芡。最为浓稠，芡汁全部包裹在原料上，食完盘底无余汁，主要适用于爆、炒等菜肴，如酱爆鸡丁、爆炒腰花等。

2）糊芡。比包芡略稀，呈薄糊状，汤菜融合、口味浓厚，主要用于烧、熘、烩等菜肴。一部分粘在原料上，食后可有部分余汁。

3）流芡。汤汁较黏稠但仍能缓慢流动，一部分粘在原料上，一部分从原料向盘中呈流泻状，多用于大型或整体的扒、溜类菜肴。因其光洁度高，犹如奶油，又称奶油芡、琉璃芡。

4）米汤芡。最为稀薄，多用于做汤及部分烩菜，使菜肴汤汁略浓一点，色美味鲜。

尾油原料认知：

尾油是指菜肴出锅前淋入的，用以增加菜肴亮度、提味增香的油脂。尾油主要分为单纯的油脂和复合味油两类。

（1）单纯的油脂　既可以是动物性油脂，如鸡油、猪油等；也可是植物性油脂，如色拉油、芝麻油、花生油等。此类尾油主要用来提升菜肴的光泽度、亮度。

（2）复合味油　如五味油、葱油、蒜油、花椒油、辣椒油等，多自行调制。此类尾油应用很是广泛，既可调味增香，又可提色增亮。

学习活动2
勾 芡

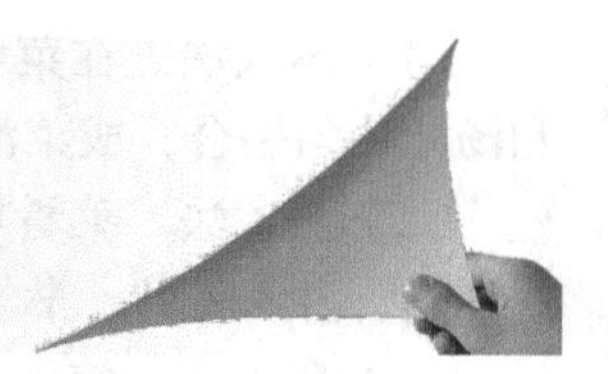

活动目标

1 掌握勾芡的方法及其应用

2 掌握勾芡的要求

3 掌握芡汁取色的类别及应用

4 启发思维，为下一项活动打好基础

活动描述

此活动内容相对较为简单，但其重要性却非一般，对菜肴质量的影响甚是关键。每一技术环节应仔细体会，有些内容须强化性记忆，并要对相关的表象进行总结、对比。活动课时为8课时。

活动过程

教师针对活动目标，选取恰当的菜肴案例，通过现场演示或观赏相关视频等方式，对各教学项目进行一体化教学。学生在教师指导下完成相关的实践项目，并须认真对比、总结。

教学项目 勾芡的方法和技巧

1. 勾芡的方法

在菜肴接近成熟时，将调好的粉汁淋入锅内，可使汤汁浓稠，增加汤汁对原料的附着力。

（1）淋入法　在菜肴接近成熟时，将调好的粉汁均匀地淋入锅内，同时不断晃锅，使菜肴和汤汁均匀融合，成菜滑润柔软。多用于烧、扒等类的烹饪方法。

（2）浇入法　菜肴成熟后装入盘中；另起油锅，将兑汁勾芡或菜肴的原汁及调味品一起入锅加热，淋入粉汁，淋上明油，均匀搅拌，浇在原料上面，呈半流体状态。

（3）烹入法　使用兑汁勾芡，菜肴在制作时选择恰当的时机倒入锅内快速翻拌，淀粉迅速糊化，这一瞬间调味、勾芡一并完成，多用于爆、炒等旺火速成的菜肴。

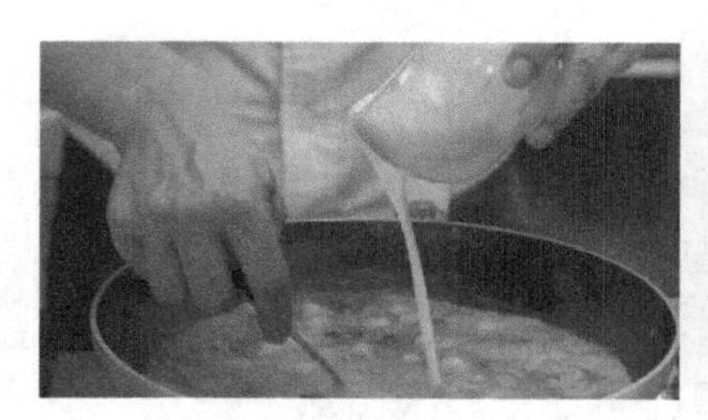

2. 勾芡的注意事项

1）勾芡时锅中的油量不宜过多。油量过多，卤汁不易粘裹原料。如果油量过多，可先将油倒出一些。

2）用单纯的粉汁勾芡，必须在菜肴的口味、颜色调准后进行。锅中汤汁的数量必须恰如其分。

3）勾芡用的粉汁浓度要适宜。淀粉过多，会形成疙瘩芡；淀粉过少，勾不住芡，反而使菜肴汤汁增多。

4）勾芡时要均匀，最好一次性完成。须根据菜肴要求，选择恰当的勾芡方法。

3. 勾芡的技巧

（1）蔬菜类　控制好原料焯水时间，过久会导致原料出水；焯水后水要控净；入锅炒制要快，八成熟即可；掌握好勾芡糊化的过程；可采用偷芡的方法。

小知识

“偷芡”借助原料本身特性，加入一点点薄芡，快速翻炒并收干水分，使成菜既吃不出勾芡的效果，又让人看不出勾芡的样子，多用于无汁、旺火快炒、色彩艳丽的菜肴。

（2）海鲜类　海鲜焯水后，放入笊篱内，放入盐、味精等调味料拌制后，用手勺挤压脱水（必要时可用洁净的干布充分挤压），而后炒制；勾芡可略稠一些，锁住海鲜水分；菜肴装盘前，将菜肴放入笊篱内，控汤后再装盘。炒海鲜时油量要少（煸香小料后锅内基本无油），也可采用偷芡的方法。

（3）鲍汁类　多将主料加热后放入盘中，再淋入鲍汁；原料提前煨制入味后要用消毒的白毛巾吸干水分；选

用上好的淀粉（如鹰粟粉）并要充分糊化；必须等鲍汁打好后再淋明油。

可分3次勾芡：第一次用六成芡汁，剩余四成芡汁分两次勾完。如果只有两三位，可一次淋油；如果有七八位，应在浇完三位后，往锅内鲍汁中再次淋油。

4. 芡汁的取色方法

芡汁的颜色可分红、黄、青、白、清、黑6种。不同颜色的芡汁，应用于不同颜色的菜肴，其色彩和谐悦目，增强食欲。

（1）红芡　在芡汤中加入茄汁、红果汁、火腿汁、蚝油、酱油等调料调制而成。

（2）黄芡　在芡汤中加入老抽、咖喱粉、西红柿汁、泡椒汁、糖、醋等调料调制而成。

（3）青芡　将蔬菜捣烂后挤汁，加进芡汤中调制而成。

（4）白芡　白芡包括奶汁芡、蟹汁芡和白汁芡。在芡汁中分别加鲜奶、蟹肉和蛋白等调制而成。

（5）清芡　不加入有色的调味料，纯以本身清澈的芡汤勾芡。

（6）黑芡　在芡汤中加入酱油、豉汁等调料调制而成。

实践项目1　芡汁的色泽调兑

每两人一组，以芡汁色泽调兑的方法为参考，准备好多种用于调配黄色、浅红色、酱红色、金黄色、浅黄色、白色等色泽的调味品或汁料，以250克水为汤水量，进行菜肴芡汁的色泽调兑。每组认为自己调配的色泽达到要求或自己认为可以时，教师与学生一起核定，并做好记录。

姓名	编号	酱红	金黄	浅红	浅黄	白色	其他	成绩	备注
	1								
	2								

实践项目2　芡汁的厚薄调配

每两人一组，以确定好的色泽调配的方法调兑好汤汁的色泽，以勾芡的3种方法及相关的注意事项，分别调以包芡、糊芡、流芡、米汤芡。注意观察芡汁的厚薄程度、亮度、色泽度及均匀程度。教师结合淋油做相应解释，学生做好记录。

姓名	编号	包芡	糊芡	流芡	米汤芡	其他	成绩	备注
	1							
	2							

学习活动 3
淋 油

活动目标

1 掌握淋油的方法及其应用

2 掌握淋油的要求

3 掌握芡汁取色的类别及应用

活动描述

此活动内容相对较为简单，但其重要性却非一般，对菜肴质量的影响甚是关键。每一技术环节应仔细体会，有些内容须强化性记忆，并要对相关的表象进行总结、对比。活动课时为 8 课时。

活动过程

教师针对活动目标，选取恰当的菜肴案例，通过现场演示或观赏相关视频等方式，对各教学项目进行一体化教学。学生在教师指导下完成相关的实践项目，并须认真对比、总结。

教学项目 淋油的相关知识

1. 尾油的选择

淋油是指根据菜肴的质量要求，在菜肴成熟时，淋入适量的油脂，以调色、提香、增味、增亮的操作技能，主要适宜于炒、烧、扒、烩、熘等类菜肴。淋入的油脂称为尾油。

（1）根据菜肴的色泽选用尾油　白汁或黄汁菜肴，可选用色泽浅淡的鸡油、熟猪油等；红色的菜肴多以花椒油、辣椒油、芝麻油等红黄色料油为主；其他汁色的菜肴，须以不掩盖菜肴本身的汁色为原则。

（2）根据菜肴的口味选用尾油　要求口味清淡的菜肴，选用鸡油、姜葱油等味较清淡的尾油；要求味道较浓厚的菜肴，选用花椒油、菌油等味较突出的尾油，提升菜肴应有的风味。

遵循“浓配浓、淡配淡”的原则。

（3）根据菜肴的原料组配选用尾油　素菜宜选用鸡油、猪油等；荤菜宜选用葱油、色拉油、花生油等做尾油。

遵循“荤菜配素油、素菜配荤油”的原则。

2. 淋油的作用

（1）增加菜肴的色、香、味　油脂本身具有相应的香气，能赋予菜肴相应的香味。某些尾油本身就具一定的色泽，如辣椒油等，能增加、改善菜肴的色泽；复合味油具有调味功能，可增加菜肴的风味，如花椒油的香麻、辣椒油的香辣等。

（2）提升菜肴的光泽度、亮度　复合味油脂本身的光泽度较高，淋入的油与菜肴汤汁（特别是芡汁）相融合，更能呈现出油亮的光泽，提升菜肴亮度，增加芡汁的透明度，形成所谓的“明油亮芡”，提升菜肴观感。例如，制作“红烧鱼”时，淋入花椒油，会使芡汁滋润鲜亮，诱人食欲。

（3）提升菜肴的润滑度　淋入复合油后可以润滑锅具，使晃锅、翻勺更容易，有利于保持菜肴形态完整。例如，“香菇扒油菜”，勾芡会使汤汁变浓稠，淋入尾油后，使锅底润滑，便于大翻勺。

3. 淋油的方法

根据淋油的目的，采取相应的淋油方法。

（1）浇淋法　适用于淋油调香的菜肴，在菜肴制作的过程中分时段放入。

例如，制作“干烧鱼”时，为使菜肴香味浓郁，可将香油或辣椒油分3次在制作过程中浇淋在鱼体上，边淋边旋锅，以增加菜肴的香味。

（2）滴入法　主要用于着色、增香的菜肴，菜肴装盘后放入。

例如，制作“西红柿鸡蛋汤”，装盘后滴入些许香油，油花散开来，滴滴金黄，诱人眼球，香味飘逸，增人食欲。注意油的量不宜太大，见油珠儿既可。

（3）泼淋法　适用于尾油调香、调味的菜肴，菜肴装盘后放入，选用六成热的热油。

例如，制作“葱油鲤鱼”，鲤鱼成熟后装入盘内，撒上葱丝，加入味汁，将油烧至六成热后，均匀泼淋在葱丝及鱼体上，热油激发味汁的滋味，浸染鱼体，葱香味四溢。

（4）兑入法　主要用于快速制作，明油亮芡的菜肴，出锅前放入。

例如，“爆炒肉片”，可将花椒油加入调味兑汁中调兑均匀，菜肴出锅前一并倒入锅中，快速翻炒均匀，使汁、芡、尾油融为一体，达到明油亮芡的效果。

（5）淋入法　用于需提升亮度、润滑的菜肴，出锅前放入，此法应用最为广泛。

例如，“葱烧豆腐”，装盘前将适量的花椒油沿锅壁四周徐徐淋入锅内，边淋边晃锅。汁油融汇后翻锅成菜。

4. 淋油的重点

（1）掌握好尾油的适用范围和数量　不勾芡的菜肴一般不使用明油；酱爆、葱烧等多选用葱油；红烧、炝等多选用花椒油；干烧、红炖等多选用辣椒油；仅用于提亮的菜肴，多选用单纯的油脂。

脂肪含量多的菜肴，多不需明油；脂肪含量少的菜肴，可适当增加尾油量；烧、扒、熘类菜肴，尾油可适当多些。

（2）掌握好淋油的时机　对于勾芡的菜肴，应在粉汁完全糊化后放入，否则会使菜肴有“生粉味”。淋油后不宜过多搅拌，且应快速起锅，否则易造成脱芡或结堆现象。

实践项目1 菜肴制作：香菇扒油菜

每两人一组，每人10棵油菜、5个香菇。强化菜肴芡汁的调配方法，巩固勾芡的方法与技巧；掌握淋油的方法与技巧，体会淋油的注意事项、淋油的作用；注意对比观察淋油前后菜肴的色泽、亮度、润滑度等的变化；加深对菜肴淋油时尾油的选择与应用的理解。

姓名	编号	芡汁	淋油	汁量	汁色	油量	其他	成绩	备注
	1								
	2								

实践项目2 菜肴制作：鸡蛋汤

每两人一组，每人制作一份鸡蛋汤。强化菜肴芡汁的调配方法，巩固勾芡的方法与技巧；掌握淋油的方法与技巧，体会淋油的注意事项、淋油的作用；注意对比观察淋油前后菜肴的色泽、亮度、润滑度等的变化。

姓名	编号	芡汁	淋油	汁量	汁色	油量	其他	成绩	备注
	1								
	2								

学习笔记

通过技能训练、观看教师演示等学习，相信您已对勾芡、淋油有了深刻的理解，并已具备了相应的操作技能。请认真思考、总结，完成以下学习心得。

1. 勾芡的方法有哪些？如何应用？

2. 淋油的方法有哪些？如何应用？

3. 举例说明勾芡、淋油的重要性。

学有所获

1. 勾芡方法中，淋入法常用于（　　）。

A. 炸　　B. 溜　　C. 爆　　D. 烹

2. 冷菜香味的感知必须是在（　　）时才能产生。

A. 咀嚼　　B. 入口　　C. 吞咽　　D. 高温

3. “爆炒腰花”最适宜的勾芡方法为（　　）。

A. 淋入法　　B. 浇入法　　C. 浇淋法　　D. 烹入法

4. 白卤水若需调色，应使用（　　）。

A. 酿造酱油　　B. 勾兑酱油　　C. 深色酱油　　D. 浅色酱油

5. 酱制菜原料腌制的主要目的，是增加成菜干香的质感和使菜品（　　）。

A. 味重汁浓　　B. 肉质紧实　　C. 保持本色　　D. 颜色发红

6. “水煮肉片”最适宜的淋油方式为（　　）。

A. 浇淋法　　B. 滴入法　　C. 兑入法　　D. 浇入法

7. “糖醋鲤鱼”的芡汁应为（　　）。

A. 包芡　　B. 流芡　　C. 糊芡　　D. 米汤芡

8. “酱爆鸡丁”的芡汁应为（　　）。

A. 糊芡　　B. 流芡　　C. 包芡　　D. 米汤芡

9. “红烧鱼”应淋入的尾油为（　　）。

A. 辣椒油　　B. 花椒油　　C. 葱油　　D. 色拉油

10. “干烧鱼”在烧制过程中淋入的油最好是（　　）。

A. 辣椒油　　B. 花椒油　　C. 香油　　D. 清油

11. “鸡蛋汤”淋入尾油的方法为（　　）。

A. 浇淋法　　B. 兑入法　　C. 滴入法　　D. 浇入法

12. “香菇扒油菜”的芡汁为（　　）。

A. 糊芡　　B. 流芡　　C. 包芡　　D. 米汤芡

13. 酸汤系列菜肴多以（　　）调配菜肴的色泽。

A. 酱油　　B. 西红柿　　C. 醋　　D. 米酒

14. 螃蟹的切割一般采用的刀法是（　　）。

A. 铡切　　B. 推切　　C. 跳切　　D. 锯切

15. 下列菜肴中不需要勾芡的是（　　）。

A. 红烧鱼　　B. 炒鱼片　　C. 干烧鱼　　D. 烩松肉

16. 下列菜肴中不需要淋油的是（　　）。

A. 香菇扒油菜　　B. 清炒土豆丝　　C. 鸡蛋汤　　D. 红烧茄子

17. 勾芡、淋油可以同时进行吗？（　　）。

A. 不可以　　B. 无所谓　　C. 可以　　D. 必须的

阶段性考核评价

组别__________　姓名__________

评价项目	评价内容	评价等级（组评 学生自评）		
		A	B	C
职业素养	仪容仪表，卫生清理			
	责任安全，节约意识			
	遵守纪律，服从管理			
	团队协作，自主学习			
	活动态度，主动意识			
专业能力	任务明确，准备充分			
	目标达成，操作规范			
	工具设备，使用规范			
	个体操作，符合要求			
	技术应用，创造意识			
小组总评		组长签名： 年　月　日		
教师总评		教师签名： 年　月　日		

学习任务 8

菜肴组配

任务流程

1. 学习活动 1　食材组配
2. 学习活动 2　个体组配
3. 学习活动 3　整体组配

任务目标

1　熟悉菜肴组配的原则及相关要求

2　掌握菜肴组配的方法及其应用

3　掌握菜肴组配的工艺及标准规范

4　能结合所学所练，拓展应用

建议课时

32 课时，实际用时__________课时。

任务描述

烹饪食材各有各的魂魄和性格，应该以敬畏、尊重之心去审视、剖析，安排其位，扬其所长，避其所短。精致设计、精妙组配，尽可能将各种食材的功效表现到极致。

学习活动1
食材组配

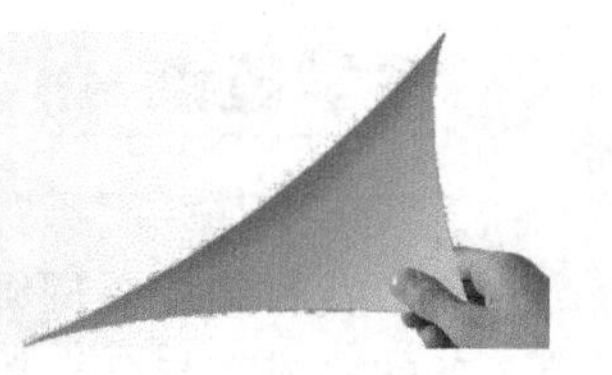

根据既定的目标要求，将各种未经加工的生菜料食材组配成可供制作成个体或群体菜肴的组配过程。

任务提纲

教学项目1　认知菜肴的食材组成
教学项目2　单一原料组配
教学项目3　多种主料组配
教学项目4　主、配料组配

任务目标

1　掌握菜肴食材的组成类别

2　掌握单一原料菜肴的组配方法和要求

3　掌握多种原料菜肴的组配方法和要求

4　能结合所学所练，拓展应用

任务基础

此任务的主要对象为有一定的基本技术功底，已完成第一阶段校外实习或见习期满归校上课的学生，也包括已学过烹饪基本技能、烹调技法工艺的学生群体。

教学建议

食材组配是厨师最基本的技能之一，与菜肴质量及经营效益有着紧密的联系。此任务的完成需与日常教学相结合，将其内容拆解为日常规范性操作，严格要求，注意总结、提高。

规范主料、配料、小料、调料的分类放置。规范调味品的数量及使用习惯。

规范菜肴主、配料的投放标准，养成逐一核算、控制菜肴成本的习惯。

以组或个人为单位，领料、分发。

实践项目设计

此任务的完成主体是学生，可尽兴发挥学生实习一年来的所见、所学、所闻、所获，引导学生进行实验性实践，通过对比、考核、大众化评鉴等方法，在强化学生相关技能的同时，完成相关实践项目的定性总结。

实践项目说明

本实践项目为实验性实践项目，其所涵盖的内容是整个食材组配教学任务的集中体现，也是整个任务活动的主体引线，是 4 个教学项目的合体性实践项目。

有些菜肴，学生可能之前没有做过甚至都没有见过，这都不是问题，因为学习食材组配的主要目的之一，是要引导学生逐步涉及菜肴创新与设计的课题。

既然是创新设计，就应大胆并要心细，敢于创造、敢于想象、敢于研发，并要善于研讨、总结，哪怕是异想天开的想象，能得到大众的认可，都是可以推广的。

食材组配任务进行前先分 6 个实践小组，分别以辣椒炒肉、香果崩银鱼、梅菜扣肉、锅包肉、红烧方肉、鱼香虾球为实践案例，以组长为主导，每组自行选择、购买相关食材，并组配制作菜肴。在完成实践内容的同时，对比确定各组实践项目结论，再依据每组实践的定性结论，全体统一按标准规范，逐一实践。

实践项目 食材组配实践

1. 实践目的

菜肴的成品质量与食材组配有着紧密的连带关系。所选食材的部位、季节性、老嫩、大小、刀工处理、色泽、预热处理、成熟度、投放时机、受热温度、加热时间、数量、类别等每一项、每一环节都不可忽略，这正是此次实践的目的所在。体会食材组配重要性的同时，切实掌握相关的环节和项目技能。

2. 实践方法

教师不要过多提示，只做必要的引导、评定、检查、总结即可。重点是激发学生实习一年来的潜力，自主购料、制作、设计、组织、盘饰等。学生可尽情发挥，也可提前查寻相关资料，问询企业同事，想尽一切办法将菜肴做好。

3. 实践组织

1）教师提前一周做好动员、引导。

2）学生认真准备。组长组织相关同学对相关环节、内容研讨、界定。

3）学生可提前一天购料、做准备工作。

4）6 个组同步进行同一菜肴的制作。每制一操作环节都要由专人做好记录。制作完成后，教师组织全体同学一起对菜肴进行对比、品尝、评鉴。将一致公认好的一组的记录内容公示，个别地方教师可修改界定。如果都不达标，可总结好与坏的原因，再行实践。

5）依序完成其他菜肴的实践，并做好记录、总结。专人完成菜肴规范作业书留存。

6）全体同学依据通过实践所形成的定性结论逐一完成相关菜肴制作，并做好记录。

辣椒炒肉　香果崩银鱼　梅菜扣肉

锅包肉　红烧方肉　鱼香虾球

4. 实践总结

有总结才会有提高，教师的总结往往一言带过，学生能感兴趣、记忆的并不多。既然是实践，就应形成报告，是师生共同总结形成的结论性报告。制定规范作业书是必须的，而规范作业书的形成才是实践最好的总结。

不要以为只有动手才能学技术，其实用心、用脑才是学习烹饪的最主要方法。特别是各环节、细节及其技术技巧，用心做、用脑子思考，做好总结并能善于总结，才会不断提高。

5. 实践记录

（1）食材组配实践记录——主料

	主料名称	主料重量	主料形状	投料时间	出品率	主料成本
香果崩银鱼						
梅菜扣肉						
锅包肉						
红烧方肉						
鱼香虾球						
辣椒炒肉						

（2）食材组配实践记录——配料

	配料名称	配料重量	配料处理	配料部位	投料时间	配料成本
香果崩银鱼						
梅菜扣肉						
锅包肉						
红烧方肉						
鱼香虾球						
辣椒炒肉						

（3）食材组配实践记录——调料

	调料名称	调料重量	调料品牌	放入方法	作用	调料成本
香果崩银鱼						
梅菜扣肉						
锅包肉						
红烧方肉						
鱼香虾球						
辣椒炒肉						

（4）食材组配实践记录——制作工艺

	主料处理	调质方法	取色方法	汤汁调制	味型调和	盘饰点缀
香果崩银鱼						
梅菜扣肉						
锅包肉						
红烧方肉						
鱼香虾球						
辣椒炒肉						

（5）菜肴规范作业书

菜肴名称__________　风味类型__________　制作人__________　日期__________

<table>
<tr><td>主料</td><td colspan="2"></td><td>净料率</td><td></td><td>出品率</td><td></td></tr>
<tr><td rowspan="2">调料</td><td colspan="3" rowspan="2"></td><td>主料成本</td><td>配料成本</td><td>调料成本</td></tr>
<tr><td></td><td></td><td></td></tr>
<tr><td>配料</td><td colspan="3"></td><td colspan="3" rowspan="4">菜肴成品图片</td></tr>
<tr><td rowspan="4">成品要求</td><td>色</td><td>味</td><td>形</td></tr>
<tr><td></td><td></td><td></td></tr>
<tr><td>质</td><td>香</td><td>器</td></tr>
<tr><td></td><td></td><td></td><td colspan="3">技术关键</td></tr>
<tr><td>初步加工</td><td colspan="3"></td><td colspan="3"></td></tr>
<tr><td>切配</td><td colspan="3"></td><td colspan="3"></td></tr>
<tr><td>预熟处理</td><td colspan="3"></td><td colspan="3"></td></tr>
<tr><td>打荷</td><td colspan="3"></td><td colspan="3"></td></tr>
<tr><td>烹饪过程</td><td colspan="3"></td><td colspan="3"></td></tr>
</table>

教学项目 1　菜肴食材构成

根据食材在菜肴构成中的所处地位，一份完整菜肴的组配多由主料、配料、小料、调料组成。组配时各种原料均须分别放入相应器皿中，料理上有先后，处理方式也有区别。

1. 主料

主料在菜肴中作为主要成分，占主导地位，起突出作用。主料通常占 60%~70% 的比重，组配时多单独放于配菜盘内。

（1）主料的选择与确定　主料是选择配料、确定调味品、确定菜肴的重要依据，食材组配多围绕主料进行。

主料的选择要注重品种、品质、季节、产地、部位等，其选择依据有以个 5 个：

1）根据菜谱、菜单，随菜选择主料。酒店的食谱、菜单是厨房日常运营的主要向导，是菜肴食材组配的主要依据。主料的名称、类别都会有明确标注，厨师须按规范执行。

例如，炒回锅肉时，主料为带皮猪硬肋五花肉。

2）根据个人意愿确定主料。食材的种类很多，多数食材均可作为主料组配，在多种原料共存的情况下，可根据个人意愿确定某种原料为主料。

你若想以猪硬肋五花肉为主料做菜，那你就随愿而行。至于做什么菜、如何做，可再行思考确定。

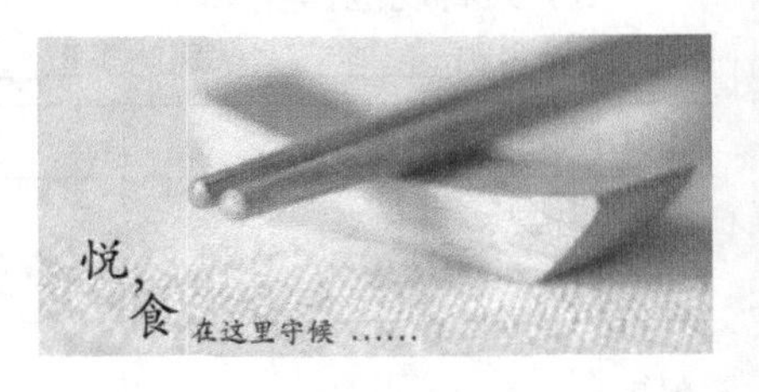

3）根据价格、档次选择、调整主料。主料是决定菜肴价格、档次的主要因素。同类别、不同品种的食材对应着不同的价格。

同样为炒虾仁，会因是河虾仁、明虾仁，还是海虾仁等有明显的不同，应区别对待。可利用调整主料的重量比例来对应相应的价格、档次。

4）根据烹调方法选择主料。或炸或炒或煎或煮或炖或拔丝，采用何种烹调方法，对主料的选择与确定起决定性作用。例如，想做一款拔丝菜，主料是地瓜、苹果、鸡蛋还是西红柿呢？必须选好了，不同的主料，拔丝做法不一样。

5）根据主题、特点选择主料。不同的主题，对菜肴食材有着不同的需求和要求。风光宴、婚宴、商务宴请等各有各的特色，须依据主题特色选择并确定相应主料。

（2）主料组配前的处理　食材进货多为毛料，作为主料使用前均须进行必要的加工处理，如干货要涨发、蔬菜须摘洗、动物类内脏须摘剔洗涤、整只整形的要分档取料、须预熟处理的要提前加热等。

诸如上述处理均须在组配前、甚至至少提前一天准备好。组配时应为净料，甚至是已加工成形的半成品。

主要处理方式有以下 4 种：

1）干货涨发。鲜活的动、植物原料经过脱水加工制成的干货原料，组织紧密，具有干、老、硬、韧的特点，需要用油发、碱发或水发等方法进行涨发。

简单的干货（如木耳、干豆角等）涨发多由砧板岗位完成。

复杂的干货（如海参、燕窝等）涨发多由专门的岗位（如上什岗）完成。

2）分档取料。把整只整型的原料，按照不同的部位进行分档，根据菜肴要求有选择地取料。例如，炒回锅肉必须选用带皮五花肉，经预熟处理后，入锅煸炒吐油，皮卷起，肉片柔香，肥而不腻。

现在市场的货源较为充分，部位取料多由企业或销售人员完成。但某些特殊菜肴的分档取

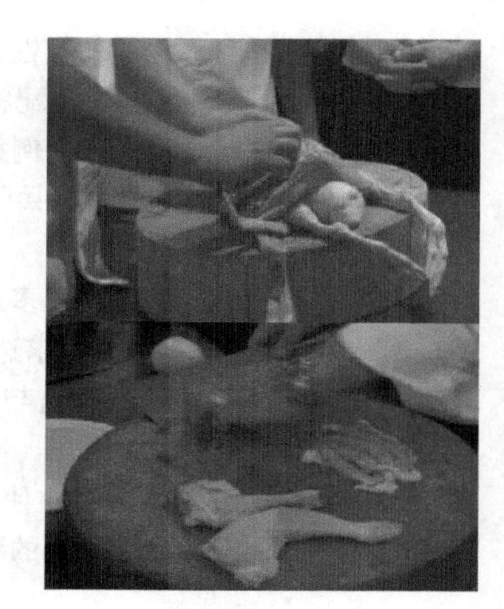

料须由砧板人员根据菜肴需求完成。如整鸡去骨、腹鱼等。

3）粗加工。根据原料的特点、菜肴要求，对原料进行整理、宰杀、去内脏、洗涤等。其主要目的是将原料中不符合食用要求或对人体有害的部位予以清除和整理。

例如，蔬菜类的黄叶、根须、泥沙、污物等要去净；活鱼、活鸡要宰杀、去内脏；海鲜类活养、去壳、去泥沙等。

粗加工多由水台人员完成。

4）预熟处理。根据菜肴制作需要，用焯水、水煮、油炸、汽蒸等方法将初步加工后的原料进行提前加热，使其达到半熟或刚熟状态。

例如，红扒肘子，带皮猪肘必须提前进行水煮、炸、蒸等预熟处理过程，使其酥烂鲜香，使用时，将其蒸热，配上配料，调汁浇淋即可上桌。若现场制作，根本来不及。

（3）主料的重量测定　主料的价格成本是决定厨房经营效益的主要因素，与一份菜肴主料的重量大小关系密切。

一般情况下，以 12 寸（直径约 40 厘米）盛器、菜肴成品净重量 500 克为核算标准，主料在所有原料中占 60%~70%。

1）主料重量的测定方法。

① 估量。长时间的工作经验加上你认真的态度，会告诉你：何种原料、多大的体积，相应有多重，一眼便八九不离十。体积估量是多数厨师普遍采用的重量测定方法。

② 掂量。原料在放手里，上下掂动几下，依据原料对你手掌的下压感觉，估量出原料的重量。此方法主要依靠实践经验。

③ 称量。主要依靠电子秤、天平等称重器具测定。准确无误是优点，具体实践中用起来不方便是最大的缺现。初学者、星级酒店多采用此法计量。

2）主料的净料率、出品率。净料率是净料重量与毛料重量的比值，两者之间的差额多为废料，不可两用。净料率越高，净料的成本越低，反之则越高。

出品率是出品重量与净料重量的比率。两者之间的差额为下脚料，可再行利用。出品率越高，菜肴成本则越低。

净料率、出品率是体现厨师技术水平的重要因素之一，也是厨房管理的重要项目之一。如何提高原料净料率、出品率是每名厨师永恒的研究课题。

多数菜谱中所列的主料重量多为粗加工后的净料重量，而常说的主料重量多为出品后的重量。

作为初学者，应认真对待净料率、出品率的相关问题。

2. 配料

配料又名辅料，指配合、辅佐、衬托和点缀主料的原料。

配料在所有原料中占 30%~40%。切配时一般集中、分位放一配菜盘内。

（1）配料的选择与确定　配料多选择植物性原料，特别是质地新鲜、色彩亮丽的某些蔬果类。少而精是其组配的基本原则。

配料的选择有一定的伸缩性，厨师有很大的发挥和调整空间。

1）根据菜谱、菜单选择配料。与主料一样，酒店的食谱、菜单中配料的名称、类别都会有明确标注，须按规范执行。例如，炒回锅肉配料为蒜苗 60 克。

2）根据主料选择配料。兵随将走，作为配料，要当好主料的兵，要迎合主料的脾气、性格，与主料搭配好。

例如，若以羊肉为主料，多选择白萝卜、胡萝卜、大葱、洋葱、菌类、豆腐等为配料。

3）根据色、质、味等需求选择配料。选择的目的不同，配料就会有不同。

例如，肉片烧架子的味道与不放肉烧的味道会有很大的不同；蒜爆肉和葱爆肉时，葱、蒜既是配料，也是调味料。

（2）配料的处理　配料在使用前多以焯水、水发、趟油、蒸、煮等方式进行预热处理。但目的各有不同。有的要色、有的要质、有的去味、有的补味，都是为菜肴的整体组配做好铺垫。

3. 调料

调料就是调和滋味的食料，在食材重量中占 5%~10%。

调料一般在操作前就准备好。掌握好每种调料的数量，置多无用，会造成浪费。

（1）调料的选择与确定

“食无定味，适口者珍”。调味时，须针对原料本身的特性、调制味型、风味特色等，选择合适的调料和恰当的调味手段，使菜肴的风味得以形成和确定。调料的选择可以有以下 3 种方式：

1）根据菜谱、菜单选择调料。与主料一样，酒店的食谱、菜单中调料的名称、类别都会有明确标注，须规范执行。

例如，炒回锅肉，需要豆瓣酱 45 克等。

2）根据主料选择调料。若以海鲜为主料，则应考虑如何突出其本身的鲜味。鸡精、味精可不用，善用白糖增味祛腥，以葱油代替芝麻油，多用橄榄油。不宜调和过重的咸辣、香辣、麻辣味型。

3）根据风味要求选择调料。每种调料各有各的功效，用其味、调其色、祛其腥、增其味；用其所长，避其所短，充分根据不同的风味类型，选择相应的调料，发挥好其应有的作用，调配出应有的味型。

（2）调料的投放　不同的菜肴，使用调料的种类、数量须有区分，投放的时机也有不同。应根据其目的，选择在原料加热前、加热过程中或加热后将相应的调料放入，发挥其应有的功效。

4. 小料

小料是用以增加菜肴香味、调理菜肴色泽、清除原料腥膻异味的食料。

小料主要有葱、姜、蒜、洋葱、各种香料等。菜肴不同，小料的种类、形状也有不同。

（1）小料的选择与确定　葱、姜、蒜、椒并称为调味的“四君子”，也是小料的代表食材。

小料对于菜肴来说，虽不能说起决定性作用，但却是不可或缺的，它有着调香、配色或祛腥的作用。

小料的选择可以有以下 3 种方式：

1）根据烹饪方法选用小料。油爆、炸溜、醋烹、拌等多用蒜；酱爆、拌、炒、烧、烩、扒等多用葱；炝、芫爆、滑炒、滑熘、炖、焖多用姜。

葱、姜、蒜可并用，但数量应有区分。

2）根据主料选择小料。家畜类多用花椒；家禽类多用蒜；鱼类多用姜，贝、蟹类多用葱。

很多主料需要事先码味，此时多用葱、姜、蒜及相应的香料，以达腌料的目的。

3）根据风味要求选择小料。蒜泥味型、葱油味型、姜汁味型，少了相应小料，便失去风味特色。鱼香味型、糖醋味型喜葱、姜、蒜，且蒜量要大一些。

风味不同，小料的种类、数量也会不同。

（2）小料的刀工处理　不同的菜肴，使用小料的种类、形状也有不同。其形状多与主料的形状相同或相似。丝配丝、片配片、粒配粒、丁配丁，其规格均应小于主料。

教学项目2 单一原料组配

没有配料，只有一种主料。如绵酥香芋球、脆皮元宝虾、南乳仔排等。极少量的点缀原料可忽略其类别。

南乳仔排

绵酥香芋球

开水白菜

绝大多数的荤、素原料都可作为单一原料组配菜肴。但有强烈气味、特殊浓郁气味的原料，不宜单一组配。

单一组配的菜肴品尝的主要是原料特有的美味，所以想办法祛其异味，突出其美味，要慎用香料及浓重调味品。

有些鱼翅、熊掌等高档原料，本身鲜味不足，制作时须加一些火腿、鸡肉等原料同烹，吸收其鲜美滋味，成菜时再拣去火腿等原料，仍然用单一原料上席。或者也可用鲜汤、浓汤类补其不足之味。

蔬菜要选择鲜嫩的菜心、菜核部位。如开水白菜等；禽类原料应外形丰满、大小适度、皮肉无破损，如“烤鸭”等。

教学项目 3 多种主料组配

有时候，菜肴的主料有两种或两种以上，数量大致相等，此时无主、辅之分。例如，扒素什锦、地三鲜、山东酥锅、拌合菜、虾爆鳝等。

多种主料组配方式有以下 2 种：

（1）随心组配　听来似乎可笑，实则可取。例如，济南的拌合菜、诸多乡村中的大杂烩，特别是东北的乱炖，其主料就由玉米、胡萝卜、豆角、排骨等组配炖煮，风味相互融合，形成了让人难以忘怀的复合味道。

（2）同类原料组配　如水果蔬菜色拉、烧二冬等。但应考虑原料之间会发生的诸多变化，不要盲目组配。

组配时，要注意每种主料的分别处理。

拌合菜　扒素什锦

山东酥锅　地三鲜

教学项目 4 主、辅料组配

主、辅料按一定的比例构成。辅料宜少不宜多，不能喧宾夺主。其中主料多为动物性原料，辅料多为植物性原料的组配形式较多，如乌龙茶香肉、土豆炖牛肉、辣子鸡丁、辣椒炒肉等。

1）味道调和能达到协同效果。利用主、辅料间的本味增强，使菜肴有复合美味。如小鸡炖蘑菇、土豆烧牛肉等。这样的组配较为广泛。

2）口感或统一或形成反差。可以是软配软，如糯米藕等；也可以是脆配脆，如青椒炒土豆丝等；更可以将口感完全不同的食材相组配，如腰果鸡丁等，两者结合可带来咀嚼的快感、层次感。

3）风味、营养相互补充。多为肉食与素食相组配，如白萝卜配羊肉、鸡肉配板栗、鸭肉配山药等。

4）豆腐含钙多，鱼肉中丰富的维生素 D 能加强人体对钙的吸收，故鱼肉炖豆腐是很好的补钙菜。再如牛肉炖胡萝卜、青椒炒木耳等。

土豆烧牛肉

白萝卜炖羊肉

学以致用

多种食材的有序组配，造就了中国美食的丰富多彩。每种食材都有自身的风味特色，“一物献一性”，充分发挥食材各自的特色，是食材组配的最基本依据。

1）食材放入的顺序，一定程度上决定了菜肴的口感。炖鱼至一定火候时，加入冻豆腐，蜂窝状的冻豆腐能充分吸收汤汁，饱涨丰满。

手抓羊肉经一个小时小火炖煮后，装盘前放盐，可以保持羊肉丰盈鲜美的口感。

2）每一份新鲜的食材从精心搭配到送上餐桌，均饱含烹煮者的心意。竹笋与咸肉在口感上形成巨大的反差，肉的浓烈与笋的清新相互交融。

3）新鲜食材不需要经过特别烦琐的加工，便可将浑然天成的美味端上餐桌。

新鲜的鱼、虾、蟹等具有鲜明的本味，只须组配葱、姜等祛腥或有鲜美滋味或独特味道的食材，适合采用简单的烹饪方法，充分体现食材自身的风味特色。

小鸡炖蘑菇之所以美味，是因为蘑菇和鸡肉在小火慢炖的过程中，都会释放出游离的谷氨酸钠，产生的鲜味要远远大于各自单独使用时产生的鲜味之和。

4）食材搭配时彼此不能相克，不能随意乱搭。例如，香椿和韭菜都是味道都比较浓郁的食材，一般会跟味道清淡的食材相配，如椿芽拌豆腐、韭菜炒鸡蛋等，但如果将香椿和韭菜相搭，味道会怪怪的。

5）肉类配大蒜。维生素 B 在人体内停留的时间很短，吃肉时吃点大蒜素，能延长维生素 B 在人体内的停留时间，对促进血液循环及尽快消除身体疲劳，增加体质等都有重要作用。

学有所获

1. 菜肴的食材组成主要包括（　　）。

A. 主料　　B. 配料　　C. 调料　　D. 小料

2. 主料是指在菜肴中作为主要成分，（　　）的原料。

A. 占主导地位，起突出作用　　B. 起一定作用

C. 名实相符　　D. 占领导地位

3. 主料选择的依据主要为（　　）。

A. 菜肴风味　　B. 食者需求　　C. 个人意愿　　D. 菜单

4. 配料在（　　）中为从属原料，所占比例通常为 30%~40%。

A. 宴席　　B. 套菜　　C. 主菜　　D. 菜肴

5. 调料选择的主要依据为（　　）。

A. 个人意愿　　B. 主料　　C. 烹调方法　　D. 菜肴风味

6. 主料组配前的处理方法合理，可以使菜肴的主味更加（　　）。

A. 突出　　B. 复合　　C. 清淡　　D. 单调

7. 配料的选择主要依据为（　　）。

A. 个人意愿　　B. 烹调方法　　C. 主料　　D. 菜肴风味

8. 小料的选择主要依据为（　　）。

A. 个人意愿　　B. 主题　　C. 烹调方法　　D. 主料

9. 你认为菜肴食材的组成中，主料、配料、调料哪个更重要？

____

____

____

____

____

____

____

____

阶段性考核评价

组别__________ 姓名__________

评价项目	评价内容	评价等级（组评 学生自评）		
		A	B	C
职业素养	仪容仪表，卫生清理			
	责任安全，节约意识			
	遵守纪律，服从管理			
	团队协作，自主学习			
	活动态度，主动意识			
专业能力	任务明确，准备充分			
	目标达成，操作规范			
	工具设备，使用规范			
	个体操作，符合要求			
	技术应用，创造意识			
小组总评		组长签名： 年 月 日		
教师总评		教师签名： 年 月 日		

学习活动 2
个体组配

色、香、味俱全的美食，令人爱不释“口”。精选食材，因融入了制作者对菜肴个体的精心组配而更具魅力。

活动提纲

教学项目 1 色彩组配
教学项目 2 形态组配
教学项目 3 质地组配
教学项目 4 香味组配

活动目标

1 掌握色彩组配的方法及形式

2 掌握形态组配的方法及形式

3 掌握质地组配的方法及形式

4 掌握香味组配的方法及形式

教学建议

菜肴个体组配是厨师必备的技能之一，是配菜技术的重要组成课题。此任务目标的达成非一日之功，须与日常教学相结合，将其内容拆解，穿插于日常实践操作中，规范要求，总结、提高。

规范原料的加工标准。

规范菜肴的调制工艺。

规范菜肴的质量标准。

以组或个人为单位，自行领料、分发。初步思考菜肴设计，引导为主，交流为要。

实践项目设计

将菜肴个体组配的相关理论与日常实践相互渗透，运用理论指导操作，在操作中体会理论，总结经验。将相关的技能及操作要求与日常实习紧密结合，重在坚持，持之以恒。

实践项目说明

本实践项目为实验性实践项目，其所涵盖的内容是整个菜肴个体组配教学任务的集中体现，也是整个任务活动的主体引线，是4个教学项目的合体性实践项目。

食材变成美味是一个从无到有的过程，这是烹饪带给制作者最有乐趣的地方。不论新鲜海产、时令蔬果还是可口肉食，都能巧妙组合、搭配入菜。

很难说清楚创作的灵感源于哪里，何时会来？但它来之前，你一定要在。灵感敲门前，你要做的事情就是：对菜肴进行量化分析，在实际操作中找出共性的东西，统一质量标准、规范操作方法和操作程序，设计好每个菜肴制作流程。

菜肴个体组配任务进行前先分6个实践小组，分别以响油鳝糊、糟溜鱼丝、咖喱鱼片、麻婆豆腐、蚝油牛肉、爆炒腰花为实践案例，以组长为主导，每组自行选择、购买相关食材，并组配制作菜肴。在完成实践内容的同时，对比确定各组实践项目结论。再依据每组实践的定性结论，从中选择3个，按标准规范，逐一实践。

实践项目　个体组配实践

1. 实践目的

菜肴的成品质量与食材组配有着紧密的关系。所选食材的部位、烹饪技法、质地控制、刀工处理、色彩搭配、预热处理、成熟度、投放时机、受热温度、加热时间等每一项、每一环节都不可忽略，这正是此次实践的目的所在。体会食材组配重要性的同时，切实掌握相关的环节和项目技能。

2. 实践方法

教师不要过多提示，只做必要的引导、评定、核查、总结即可。重点是激发学生实习一年来的潜力，自主购料、制作、设计、组织、盘饰等。学生可尽情发挥，也可提前查寻相关资料，问询企业同事，想尽一切办法将菜肴做好。

3. 实践组织

1）教师提前一周做好动员、引导。

2）学生认真准备。组长组织相关同学对相关环节、内容研讨、界定。

3）学生可提前一天购料、做准备工作。

4）6 个组同时进行同一菜肴的制作。每制一操作环节都要由专人做好记录。制作完成后，教师组织全体同学一起对菜肴进行对比、品尝、评鉴。将一致公认好的一组的记录内容公示，个别地方教师可修改界定。如果都不达标，可总结好与坏的原因，再行实践。

5）依序完成其他菜肴的实践，并做好记录、总结。专人完成菜肴规范作业书留存。

6）全体同学依据通过实践所形成的定性结论逐一完成相关菜肴制作，并做好记录。

麻婆豆腐　清炒鳝糊　咖喱鱼片

滑炒鱼丝　蚝油牛肉　爆炒腰花

4. 实践总结

有总结才会有提高，教师的总结往往一言带过，学生能感兴趣、记忆的并不多。既然是实践，就应形成报告，是师生共同总结形成的结论性报告。制定规范作业书必须的，而规范作业书的形成是实践最好的总结。

5. 实践记录

（1）个体组配实践记录——色彩组配

	成品色泽	汤汁色泽	色泽来源	主料色泽	组配方法	组配模式
麻婆豆腐						
清炒鳝糊						
咖喱鱼片						
糟溜鱼丝						
蚝油牛肉						
爆炒腰花						

（2）个体组配实践记录——形态组配

	主料形态	配料形态	成品形态	主料要求	组配模式	配料要求
麻婆豆腐						
清炒鳝糊						
咖喱鱼片						
糟溜鱼丝						
蚝油牛肉						
爆炒腰花						

（3）个体组配实践记录——质地组配

	主料质地	配料质地	成品质感	调质方法 1	调质方法 2	调质方法 3
麻婆豆腐						
清炒鳝糊						
咖喱鱼片						
糟溜鱼丝						
蚝油牛肉						
爆炒腰花						

（4）个体组配实践记录——香味组配

	主料本味	成品味感	取味方法	调香方法	祛味方法	调味方法
麻婆豆腐						
清炒鳝糊						
咖喱鱼片						
糟溜鱼丝						
蚝油牛肉						
爆炒腰花						

（5）菜肴规范作业书

菜肴名称________ 风味类型________ 制作人________ 日期________

<table>
<tr><td>主料</td><td colspan="2"></td><td>净料率</td><td></td><td>出品率</td><td></td></tr>
<tr><td rowspan="2">调料</td><td colspan="3" rowspan="2"></td><td>主料成本</td><td>配料成本</td><td>调料成本</td></tr>
<tr><td></td><td></td><td></td></tr>
<tr><td>配料</td><td colspan="3"></td><td colspan="3" rowspan="5">菜肴成品图片</td></tr>
<tr><td rowspan="4">成品要求</td><td>色</td><td>味</td><td>形</td></tr>
<tr><td></td><td></td><td></td></tr>
<tr><td>质</td><td>香</td><td>器</td></tr>
<tr><td></td><td></td><td></td></tr>
<tr><td>初步加工</td><td colspan="3"></td><td colspan="3">技术关键</td></tr>
<tr><td>切配</td><td colspan="3"></td><td colspan="3"></td></tr>
<tr><td>预熟处理</td><td colspan="3"></td><td colspan="3"></td></tr>
<tr><td>打荷</td><td colspan="3"></td><td colspan="3"></td></tr>
<tr><td>烹饪过程</td><td colspan="3"></td><td colspan="3"></td></tr>
</table>

教学项目 1 色彩组配

1. 色彩组配的形式

（1）单一色组配　这种组配的菜肴由单一色彩构成，多由一种原料组配，须保持或改善原料本色，给人以清新淡雅之感，如红烧肉、清炒虾仁等。

由于色彩太过单调。装盘时常以极微量的异色原料缀色，起画龙点睛之效。

（2）同类色组配　同类色组配即顺色配，主、辅料是同类色的原料，只是光泽度不同，这样组配协调而有节奏。例如，黄焖栗子鸡、银耳莲子羹、韭黄炒肉丝等。

因此类组配的结果近似于单一色彩故不多见，也不常用。

（3）异类色组配　指以对比色、花色原料来实现的组配，即两种或两种以上不同色彩的原料组配在一起。

异类色组配多以主料色为主，彼此衬托，自然悦目，色感丰富。如丝瓜烩鸡柳、香菇扒菜心等，多数菜肴均以此方式组配。

配色不仅要讲究菜肴本身的衬托，还要注重与外界环境的配合。

例如，利用灯光使菜肴增色，将辅助光源照射在菜肴上，增色的同时也可对热菜或点心起防冷及增脆效果。不同光源会给不同色彩的菜肴增添色泽的美感。如果再配以一定的烟雾，效果会更好。

红烧肉　黄焖栗子鸡　韭黄炒鸡蛋

丝瓜烩鸡柳　韭菜炒杏鲍菇　肉末酸豆角

2. 色彩组配的方法

（1）求本存真，善用自然色　充分利用原材料天然的色彩是应用最广泛的配色方法。如白菜、西米、白萝卜、银耳、熟蛋白、豆芽、肥膘肉等的白色，火腿、红辣椒、精瘦肉、胡萝卜、西红柿等的红色，蒜苗、韭菜、菠菜、青椒、豌豆苗、青豆、香葱、芹菜等的绿色，韭黄、生姜、熟蛋黄、冬笋、黄菊花等的黄色，紫菜、冬菇、黑木耳、海参、黑芝麻等的黑色，由这些自然色彩组配成菜肴成品之色。

自然色经烫、煮、上浆滑油、趟油之后，其色泽度会增加，清醇鲜亮，更接近于天然之色，娇艳欲滴，靓丽无比。

操作时要有意识地保留、改善原料本色，不宜浓妆艳抹。

（2）善用调料，增加色彩　色泽不太鲜艳的原料，运用适当的调料或天然色素，可使菜肴的色彩鲜明。如琉璃桃仁、红烧肉、茄汁鱼片等，均是利用相应的调料调配出应有的色彩，不仅味美，且色泽艳丽、诱人食欲。

对于柠檬黄、胭脂红等常用的人工合成色素，即使是按国家规定执行标准，也不建议使用。而应多用天然色素或萃取原料汁液如蔬菜汁、胡萝卜汁等调配色彩。

菜肴组配时常用的色调主要有 3 种：

1）暖色：红色（大红、金红、玫瑰红）、黄色（金黄、乳黄、橙黄、鹅黄）。

2）中性色：绿色（深绿、翠绿、草绿）。

3）冷色：白、黑。

（3）原料间配色，互衬互补　红、黄、绿三色中任选两种互配，会使色彩鲜明、生动、清爽、雅致。如韭菜炒鸡蛋、肉末酸豆角等。

暖色或中性色与冷色调互配，会给人以节奏感，跳跃起伏。色彩的反差越大，视觉冲击力越强，也更有韵味。如红烧鲤鱼、芥菜杏仁等，深浅搭配，视觉不累。

冷色调互配，有时效果也佳，如皮蛋豆腐、香菇炒鱼丝等。

葱姜炒大蟹

琉璃桃仁

韭菜炒鸡蛋

皮蛋豆腐

教学项目 2 形态组配

菜肴所用食材的基本形状多为异质多样，通过有机地组配，才能形成菜肴的具体形态。

1. 形态组配的方法

（1）自然形态组配　有些原料的自然形态让人折服，诱人无数，可以多加利用，效果可能会出奇的好。如香果脆银鱼、龙井虾仁、黄豆焖黄鱼、丰收虾仁、干贝扒白菜心等。

（2）同形组配　同形组配是指主辅料的形态、大小等保持一致，丁配丁、片配片、块配块，规格相同或相似，整齐、文雅，大多原料都以相似的形态相搭配。如双椒牛柳、糟熘鱼片等。

组配时要考虑原料加热后的收缩问题。

（3）异形组配　异形组配的主料、辅料形状不同，大小不一。辅料应适应主料的形状和大小，衬托、突出主料，以和谐、美观为标准。如肉末烧茄条、肉末菜心、回锅肉等。

菜肴原料的形态组配是影响菜肴质量的关键所在，而平时学生学习时却往往忽略了此项的实践性技能，为此应给以高度的重视。平时训练可着重强调原料形状的标准及加工工艺要求。

菜肴原料的形态组配可以有一定的伸缩度，但酒店的标准食谱是严格规范的，不要轻易更改。

香果脆银鱼　干贝扒白菜心　糟熘鱼片

双椒牛柳　回锅肉

2. 形态加工的规范标准

对原料成形的标准化规范，各菜系、各酒店均有自己的统一要求，虽有些差异，但其目的是使菜肴加工标准化、定形、定性，并要严格执行。

教学项目 3 质地组配

1. 质地组配的形式

（1）同质相配 主辅料应软软相配（如肉末烧茄条）、脆脆相配（如蜇头白菜丝）、韧韧相配（如茶树菇炒鲜鱿）、嫩嫩相配（如芙蓉鸡片）等。可使菜肴生熟一致，吃口一致，且各具本质。

（2）异质相配 不同质地的原料相互组配，质感、口感富有层次变化。异质相配常用于在炖、焖、扒、烧等菜肴，使主料的嫩、软、酥烂更加突出。如白扒蹄筋、白菜炖豆腐等。

（3）荤素搭配 动物性原料配以植物性原料，是中国菜组配的传统方法，无论从营养学、食品学方面看，还是从味道、调和方面看，都有其科学道理。这也是餐饮业最流行的、多数菜肴所采用的组配方式。

（4）贵多贱少 这种组配主要针对高档菜而言，贵的、高档食材作为主料出现，配料甚至于调料、汤等，都应选用与之相符、相呼应的高档配材，使之好上加好、贵上加贵，以保持菜肴的高档性。如三丝鱼翅等、佛跳墙、鲜栗汁浸鲍鱼等。

蜇头白菜丝　白扒蹄筋　佛跳墙　鲜栗汁浸鲍鱼

质地组配不能仅仅靠生料本身的质地，而应根据原料加热后所能产生的质地变化、火候掌控的程度等去灵活把控。

2. 原料质地的调控方法

质地是指食材进入口腔咀嚼后，触觉对菜肴特质属性的感受认识。

菜肴都会追求良好的质地，质地调控的主要工艺有致嫩、增脆、致烂、膨松等。

（1）致嫩工艺　质地嫩会减小咀嚼阻力，能充分感受原料的本质。

1）影响菜肴质地嫩的主要因素有：

① 所含水分。含水量多，则嫩；含水量少，则不嫩或不够嫩，甚至老。

② 原料本身的组织结构。组织纤维细，则嫩；组织纤维粗，则老。

选料时要选择本身鲜嫩的原料，借助挂糊、上浆、勾芡等工艺，提高加热温度及缩短烹饪时间等措施，有效地保持原料中的水分，使菜肴致嫩。另外也可利用特殊原料致嫩。

2）常用致嫩的方法有以下 6 种：

① 食盐致嫩。主要表现在上浆和制茸上，加入一定比例的食盐拌和，促使肌肉中的肌红球蛋白析出，充分吸水成为黏稠胶状，达到嫩化的效果。如猪肉丝上浆、清汤鱼圆等。

② 蛋清致嫩。蛋清富含可溶性蛋白质，受热时成为凝胶，阻止了原料中水分的流失，使原料保持良好的嫩度。

③ 淀粉致嫩。淀粉受热发生糊化，起到连接水分和原料的作用，达到致嫩的目的，如三虾豆腐等。

④ 油脂致嫩。油脂具有很好的润滑、保水作用，能保持或增加原料的嫩度。另外，油浸也是很好的致嫩方法，如芒果色拉虾球等。

⑤ 小苏打致嫩。小苏打能提高蛋白质的吸水性和持水性，常用于对牛瘦肉、羊瘦肉、猪瘦肉的致嫩。每 100 克肉可加入 1~1.5 克小苏打，加入后需静置 2 小时以上再用，或将原料置于小苏打水中浸泡 20 分钟。

⑥ 嫩肉粉致嫩。嫩肉粉主要通过生化作用致嫩，能催化肌肉蛋白质的水解，促进肉的软化和提高嫩度，使用最佳温度为 60~65℃。一般 500 克原料加入 3 克嫩肉粉。

清汤鱼圆　　三虾豆腐　　芒果色拉虾球

（2）增脆工艺　脆是原料凝结后的硬度所产生的感觉。凝结的程度和硬度大小形成了脆的不同效果，温度越高，凝结度越强，就越有脆的感觉。

增脆的方法有以下 3 种：

1）挂糊增脆。糊的用料大都具有起脆变硬的性能。炸制菜肴可得到不同程度的脆，略脆、酥脆、松脆、焦脆，多为外脆里嫩。挂糊炸制掌握准确，就能实现。

2）脱水增脆。提高油温或加热的温度，使原料中的水分最大限度地挥发，就能达到增脆的效果。如辣炒脆鳝、烤鸭、锅巴三鲜、小酥肉等。

3）保脆，改硬变脆。保持原料本身所具备的脆性和硬度，尽量缩短烹饪时间，体现菜肴脆的质感。如清拌黄瓜苗、温拌腰花、芹菜炒肉丝、冰粹莴苣等。

烤鸭

清拌黄瓜苗

温拌腰花

（3）致烂工艺　烂是咀嚼时阻力很小的一种感觉，注重原料内在的感觉，同时能使原料中的美味得到充分的溶解和体现。对于质地老硬、要求滋味浓厚的原料，酥烂且味道相融是一种较为理想的选择。

致烂的方法有以下 2 种：

1）保证水分、水量。水是使原料致烂的必要物质，也是菜肴有滋有味的基本条件。滋味的浸入必须有水，一方面可以溶解原料中的美味，同时可以增大食用时口腔的接触面，获得最大限度的味觉和触觉享受。

鹌鹑蛋红烧肉

2）长时间加热。致烂的烹饪方法主要有烧、炖、焖、煨等。这些方法大多采用小火加热，时间较长且加水较多，均能达到烂的效果。如鹌鹑蛋红烧肉、土豆炖排骨等。

（4）膨松工艺　松是指咀嚼时牙齿所感受到的适度的阻力，多与膨松联系在一起，是原料外部的质感。膨松多用于挂糊，以炸、烤等主要烹饪方法。

膨松效果可用搅打等方法引入空气而成，主要用于蛋泡糊；也可利用酵面、生啤酒、发酵粉等膨松剂使原料膨松。

教学项目 4　香味组配

1. 香味组配的形式

（1）主料味美　主料本身清馨、鲜香、味美的，要突出本味。

1）选择清淡的辅料衬托、突出主料之味。

2）选择与主味相合的辅料，增添、强化主料的美味，使其鲜上加鲜、美上加美。如土豆炖锅、小鸡炖蘑菇等。

小鸡炖蘑菇

菜好不好吃，与主料本味及主料、辅料间的搭配密不可分。

（2）主料无味或味淡　像干海参、鱼翅等本身味淡或基本无味的主料，应用鲜香味浓郁的鸡、鸭、火腿等配料或特制高汤来弥补主料味道之不足，用以提鲜增香，为主料赋味，使其鲜香味美。如虫草煨海参、贝粒烧蹄筋等。

真正能体现厨艺且又健康的做法，是尽量不放味精、鸡精。

（3）主料味重、油腻　主料本身味道过重或过于油腻的，最好以鲜菜、豆、米等辅料组配，以调和、冲淡其过重的油腻或过浓之味。如荷叶粉蒸肉、海米菜心等。

虫草煨海参　　贝粒烧蹄筋　　荷叶粉蒸肉

（4）主料异味重　像鱼的腥味、猪腰的臊味、熊掌牛肉的膻味、菠菜的涩味、竹笋苦瓜的苦味等异味较重的主料，除在初加工过程祛异味至最低限度外，还可有针对性地选配一些除腥、解异味、提鲜、增香的辅料、调料。如虫草炖鞭花、花仁鸽胗等。

选用的调味品要丰富组配，以改善、改良其味。如炒虾腰、响油鳝丝等。

虫草炖鞭花　　炒虾腰　　花仁鸽胗

2. 香味的调控方法

香是美味之魂，味之根本在于香味，具有香味的美食让人留恋。香味要自然纯正，嗅之舒畅、芳香。所以，菜肴烹饪时要运用各种呈香调料和调制方法，使菜肴获得令人愉快的香气和香味。

香味的常用调控方法有以下 6 种：

（1）挥发增香　像麻油等调料，所含的呈香物质挥发性较强，在常温下即可显现浓郁的香气，可直接用于冷菜的调香。

像姜、葱、蒜等调料，所含的呈香物质挥发性较弱，常温下呈现的香气较淡，通常需要加热来促其挥发。

像辣椒、胡椒粒、花椒粒等调料，所含呈香物质只有在一定状态、一定温度下才具挥发性，一般将其斩或碾碎，再通过加热才使其产生香气。

（2）吸附带香

1）炝锅助香。就是将葱、姜、蒜、辣椒及其他呈香调料，放入底油锅中煸炒出香味后，再下入烹饪原料。葱、姜、蒜等所产生的呈香物质，一部分挥发，一部分被油脂所吸附。下入原料烹饪时，吸附了呈香物质的油脂便附于原料表面，使菜肴带香。如酱爆鸡丁、鱼香肉丝等。

2）熏香。运用不同的加热手段和熏料配合来调香。将食糖、木屑、茶叶、香树叶等作为熏料，加热使熏料冒烟，产生浓烈的烟香气味，使烟香物质与被熏原料接触，吸附在原料表面，使菜肴带有烟熏的香气。同时烟香气味还会渗透到原料表层之中。如水煮牛肉，原料起锅装碗后，将斩碎的干辣椒、花椒撒在上面，再取烧热的热油淋浇，使麻辣香味挥发，产生香气。

水煮牛肉

（3）扩散入香　扩散入香就是将多种原料较长时间的混合烹制，使呈香物质相互扩散、交融。如肉类原料与植物原料共烹，肉香渗透到植物原料中，使其具有肉香味；而蔬菜香气则依相反的途径渗透到肉中，使肉中具有蔬菜香味，菜中有肉味，肉中有菜味。再如直接将呈香调料加入水中，呈香物质从调料中析出，逐渐扩散到汤汁的各个部分，同时也渗透到原料之中，使其入香。

茸胶制品的调香，可先将葱、姜等拍碎，用水浸泡致其呈香物质溶出，再用其来调制茸胶，这样制作的茸胶类菜肴，只闻葱、姜之香，不见葱、姜之物。

（4）祛除、掩盖异味　就是消除、减弱或掩盖原料带有的不良气味，同时突出并赋予原料香气。

1）在有异味的原料中加入食盐、醋、料酒、生姜、葱等，拌或抹匀后腌渍一段时间（动物内脏常用揉洗的方法），再通过焯水、过油和正式烹饪，使异味成分得以挥发除去。此法适用范围很广，兼有入味、增香、提色的作用，在烹饪中经常使用。

2）羊肉等的腥膻味，最好用花椒、桂皮、孜然，而少用大料。但香料不要放太多，否则会掩盖肉香味。

3）鱼虾等海产品，加入柠檬或柠檬汁，祛腥极为有效。最好不要用醋祛腥，因为其酸味太强，会失去原料应有的肉香和鲜味。

4）酒类祛腥用途广。可先将肉类食材在酒中浸泡，然后再加热；或在翻炒时直接加入酒，红酒、料酒、黄酒都可以。

5）鸡肉、牛肉可加热祛腥。可先用水煮一下或沸水浸烫，然后用炖、烩、烧、烤等长时间加热的方法祛腥，或以热油爆炒。

（5）封闭调香　将原料保持在封闭条件下加热，产生香味。呈香物质受热挥发，部分在烹饪过程中会散失掉，加热时间越长，散失越严重。为了使香气不致于在烹制过程中严重散失，常采用封闭加热的手段，临吃时开启，可获得非常浓郁的香气。

1）容器密封。给容器加盖并封口，蒸、炖、煨、烤制，如汽锅炖、瓦罐煨、竹筒烤等。

2）泥土、面皮密封。用泥土包封烤制，如叫花鸡等。

3）纸包密封。用可食性纸物包封，炸、烤制，如纸包鸡等。

4）食材密封。用特殊食材包封后，蒸、烤制，如荷叶鲤鱼等。

（6）补助调香　某些原料在加热过程中，虽有香气味产生，但不够浓郁，可加入适当的原料或调味品补充其香味的不足。菜肴出锅前滴入香油，加些香菜、葱末、姜末、胡椒粉、蒜粒等；菜肴装盘后撒入适量的花椒盐、蒜油、红油、葱姜丝等。

运用具有挥发性香味原料或调味品，通过瞬时加热，使其香味挥发、溢出，达到既调香，又调味的目的。

香葱、胡椒、花椒、大蒜等同时烹饪，可除去原料异味，增加菜肴香气。此法适用于异味较轻的原料，可作为前一种方法的补充。

五香带鱼　爽口金针菇

牛肉碎拌豆腐　蒜香野猪肉

菜肴从闻到香气开始，到入口咀嚼，最后经喉吞入，都应感觉到香味的存在，呈现出层次感。

按人的嗅感次序可以分为先入之香、入口之香、咀嚼之香 3 个层次。

1）先入之香。菜肴一上桌，还未入口就闻到的香。一般热菜的香气比冷菜要浓。

2）入口之香。菜肴入口后，还未咀嚼之前所感到的菜肴之香。

3）咀嚼之香。主要包括原料的本香和热香成分，是香、味、质三者融为一体的感觉，对菜肴的味感影响较大。

案例分析　白萝卜炖羊肉

1. 食材分析

羊肉肉质细嫩，味道鲜美，含有丰富的营养，是秋、冬季进补佳品。羊肉性热，患有炎症、发热的人，应忌食羊肉。

白萝卜生食、熟食均可，含有芥子油、粗纤维，能促进消化、增强食欲、加快胃肠蠕动、止咳化痰，白萝卜味辛甘、性凉。

2. 个体组配分析

白萝卜作为配料与羊肉同烹时，其清香气息可以中和羊肉的膻味，吃起来香而不膻。

同时白萝卜本身较多的水分可以化去羊肉中的部分油脂，使羊肉吃起来肉质更加紧实，保留胶质的软糯口感，肥而不腻，更符合现代人的口味和健康需求。

更有益健康的是白萝卜属于凉性，能够中和羊肉的热气，避免吃后上火。

3. 拓展应用

性热食材多选择性凉的原料为配料，制作时多用煮、炖、焖等方法，色泽多取本色、红色两种。而取用红色时多以酱油、冰糖调之。

还可选用枸杞、红枣、胡萝卜、菌类及普通等级的人参等相搭配。配料之味与主料相和，会保留主料鲜味而不会掩盖之。

4. 学以致用

红烧菜肴时可以冰糖替代白糖。一来冰糖较白糖更健康；二来冰糖可帮助汤水收汁，达至理想的黏稠度；三来成品会有更好的光泽度，口感上也会更为顺滑。

学有所获

1. 菜肴（　　）的组配是将各种加工好的原料按照一定的形状要求进行组配。

A. 特定形态　　B. 原料形状　　C. 原料构成　　D. 主要原料

2. 菜肴色彩组配的形式主要有（　　）。

A. 顺色组配　　B. 差色组配　　C. 花色组配　　D. 同色组配

3. 菜肴的质是指组成菜肴的（　　）总的营养成分和风味指标。

A. 主要原料　　B. 冷热菜品　　C. 各种调料　　D. 各种原料

4. 菜肴质地组配的形式主要有（　　）。

A. 同质组配　　B. 异质组配　　C. 同类组配　　D. 本质组配

5. 主料香味不足的菜肴在组配时应突出辅料的香味，如（　　）。

A. 辣椒炒鸡蛋　　B. 芹菜炒肉丝　　C. 栗子烧鸡块　　D. 三鲜豆腐

6. 菜肴的组配合理，可以使菜肴的风味更为突出，如（　　）。

A. 滑水法　　B. 滑油法　　C. 走油法　　D. 冷煮法

7. 在菜肴色彩组配方法中，下列菜肴（　　）属于“顺色组配法”。

A. 芹菜炒肉丝　　B. 炒回锅肉　　C. 韭黄炒鸡蛋　　D. 炒木须肉

8. “丁配丁，丝配丝，条配条”体现菜肴在料形组配上应（　　）。

A. 同形组配　　B. 异形组配　　C. 差异组配　　D. 同类组配

9. 洋葱、大蒜、药芹、韭菜等原料富含（　　），适当与动物性原料搭配可使菜肴更为醇香。

A. 羟基类物质　　B. 苯酚类物质　　C. 脂肪类物质　　D. 芳香类物质

10. 菜肴口味的调制应随季节而变，一般冬季的口味宜（　　）。

A. 清淡　　B. 适中　　C. 偏咸　　D. 浓烈

11. 香味调制的主要方法有（　　）。

A. 挥发增香　　B. 吸附带香　　C. 祛味增香　　D. 调味增香

12. 菜肴的食材处理恰当、合理，可以使菜肴的风味更为突出，如（　　）。

A. 滑水法　　B. 滑油法　　C. 走油法　　D. 冷煮法

13. 在菜肴质地组配方法中，下列菜肴属于“同质组配”的是（　　）。

A. 肉末烧茄条　　B. 蜇头白菜丝　　C. 辣子鸡丁　　D. 鱼香肉丝

14. 下列菜肴中通过调味增香的是（　　）。

A. 干炸里脊　　B. 辣子鸡丁　　C. 鱼香肉丝　　D. 爆炒腰花

15. 下列菜肴中属于食盐致嫩的是（　　）。

A. 清汤鱼圆　　B. 麻婆豆腐　　C. 蚝油牛肉　　D. 爆炒腰花

16. 下列菜肴中属于脱水增脆的是（　　）。

A. 三鲜锅巴　　B. 杭椒牛柳　　C. 锅包肉　　D. 温拌腰花

17. 主料异味重的菜肴，应采用（　　）的方法调味。

A. 掩盖异味　　B. 祛味增香　　C. 腌渍入味　　D. 封闭调味

18. 菜肴中通常以（　　）的色彩为基调，以（　　）的色彩为辅色，起衬托、点缀、烘托的作用。

A. 配料 主料　　B. 调料 主料　　C. 主料 配料　　D. 主料 调料

19. 红烧鱼在出锅前，淋少量的（　　）有起香的作用。

A. 料酒　　B. 醋　　C. 芡汁　　D. 清汤

20.（　　）是指在原料出锅前，将醋从锅边淋入，使菜品醋香浓郁，略带微酸。

A. 明醋　　B. 暗醋　　C. 底醋　　D. 香醋

21. 色彩是反映菜肴质量的重要方面，并对人们的（　　）产生极大的影响。

A. 心态　　B. 心理　　C. 消化吸收　　D. 生理

22.（　　）是将多种不同颜色的原料组配在一起的色彩绚丽的菜肴。

A. 地三鲜　　B. 炒三样　　C. 糟熘三白　　D. 烧二冬

23. 餐饮从业人员烹饪的菜点和提供的服务，决定着企业的效益和（　　）。

A. 费用　　B. 成本　　C. 信誉　　D. 福利

24. 天然色素主要是从植物组织中提取的，如（　　）等。

A. 蔬菜汁、果汁　　B. 绿菜汁、苋菜红　　C. 柠檬黄、苋菜红　　D. 柠檬黄、绿菜汁

25. 冷菜香味的感知必须是在（　　）时才能产生。

A. 咀嚼　　B. 入口　　C. 吞咽　　D. 高温

26. 异色组配法又称花色配，是指将两种或两种以上（　　）的原料组配在一起。

A. 不同质地　　B. 相同质地　　C 不同颜色　　D 相同颜色

27. 含草酸的蔬菜原料在使用前先用沸水烫，去除其中的大部分（　　）。

A. 拧橡酸　　B. 草酸　　C 果酸　　D 单宁

阶段性考核评价

组别__________　　姓名__________

评价项目	评价内容	评价等级（组评 学生自评）		
		A	B	C
职业素养	仪容仪表，卫生清理			
	责任安全，节约意识			
	遵守纪律，服从管理			
	团队协作，自主学习			
	活动态度，主动意识			
专业能力	任务明确，准备充分			
	目标达成，操作规范			
	工具设备，使用规范			
	个体操作，符合要求			
	技术应用，创造意识			
小组总评		组长签名： 年　月　日		
教师总评		教师签名： 年　月　日		

学习活动 3
整体组配

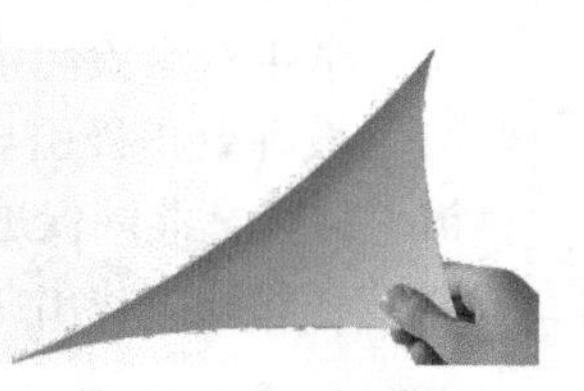

无论家常小菜还是珍料佳肴，不仅仅要色、香、味俱全，还要因时、因势、因景精心设计，赋以艺术和时尚气息。

任务提纲

教学项目 1　应时组配
教学项目 2　应势组配
教学项目 3　应景组配
教学项目 4　名称组配
教学项目 5　盛器组配

任务目标

1 掌握菜肴应时组配的方法及形式

2 掌握菜肴应景组配的方法及形式

3 掌握菜肴名称组配的方法及形式

4 掌握菜肴盛器组配的方法及形式

5 掌握菜肴应势组配的要求

任务基础

任务进行前，组织引导学生以两人为一组，通过网络、问询、交流等方式对当前的餐饮流行趋势、四季食材进行班组式讨论。

教学建议

菜肴的整体组配，既要知其然，更要知其所以然。本任务教学主要采用理实一体化与项目引导相结合的方法，达成学生能知其然，也能知其所以然。

学生对实验性菜肴的整体组配过程中，做中思、练中学，操作中体验、运用、总结。

教师要积极引导学生思考、讨论，在实践中运用所学知识进行实践操作，相互间交流、探讨，共同促进，提高学生发现问题、分析问题、解决问题的能力。

在实践中找出共性的东西，统一质量标准，规范操作方法和操作程序。

实践项目设计

将菜肴整体体组配的相关理论与日常实践相互渗透，运用理论指导操作，在操作中体会理论，总结经验。将相关的技能及操作要求与日常实习紧密结合，重在坚持，持之以恒。

菜肴整体体组配任务进行前先分 6 个实践小组，分别以响油鳝糊、糟溜鱼丝、咖喱鱼片、麻婆豆腐、蚝油牛肉、爆炒腰花为案例，以组长为主导，每组自行选择、购买相关食材，并组配制作菜肴。在完成实践内容的同时，对比确定各组实践项目结论。再依每组实践的定性结论，从中选择 3 个，按标准规范，逐一实践。

实践项目说明

本实践项目为实验性实践项目，其所涵盖的内容是整个菜肴整体组配教学任务的集中体现，也是整个任务活动的主体引线，是所有教学项目的合体性实践项目。

食材变成美味是一个从无到有的过程，这是烹饪带给制作者最有乐趣的地方。不论新鲜海产、时令蔬果还是可口肉食，都能巧妙组合、搭配入菜。

很难说清楚创作的灵感源于哪里，何时会来？但它来之前，你一定要在。灵感敲门前，你要做的事就是：对菜肴进行量化分析，在实际操作中找出共性的东西，统一质量标准、规范操作方法和操作程序，设计好每个菜肴制作流程。

实践项目　整体组配实践

1. 实践目的

菜肴的成品质量与食材组配有着紧密的关系。所选食材的部位、烹饪方法、刀工处理、色泽、预热处理、成熟度、投放时机、受热温度、加热时间、质地控制等每一项、每一环节都不可忽略，这正是此次实践的目的所在。体会食材组配重要性的同时，切实掌握相关的环节和项目技能。

2. 实践方法

教师不要过多提示，只做必要的引导、评定、核查、总结即可。重点是激发学生实习一年来的潜力，自主购料、制作、设计、组织、盘饰等。学生可尽情发挥，也可提前查寻相关资料、问询企业同事，将菜肴做好。

芹香琉璃虾

虫草蒸滑鸡

芥茉小牛肉

3. 实践组织

1）教师提前一周做好动员、引导。

2）学生认真准备。组长组织相关同学对相关环节、内容研讨、界定。

3）学生可提前一天购料、做准备工作。

4）6个组同步进行同一菜肴的制作。每制一操作环节都要由专人做好记录。制作完成后，教师组织全体同学一起对菜肴进行对比、品尝、评鉴。将一致公认好的一组的记录内容公示，个别地方教师可修改。如果都不达标，可总结好与坏的原因，再行实践。

5）依序完成菜肴案例的实践，并做好记录、总结，由专人完成菜肴规范作业书并留存。

6）全体同学依据通过实践所形成的定性结论逐一完成相关菜肴制作，并做好记录。

肉末烧茄条

油焖大虾

孜然羊肉

4. 实践总结

有总结才会有提高，教师的总结往往一言带过，学生能感兴趣、记忆的并不多。既然是实践，就应形成报告，由师生共同总结形成的结论性报告，而规范作业书的形成也是实践最好的总结。

5. 实践记录

（1）整体组配实践记录——成品组配设计

	菜肴成品图片		
芹香琉璃虾			
虫草蒸滑鸡			
芥茉小牛肉			
肉末烧茄条			
油焖大虾			
孜然羊肉			

（2）整体组配实践记录——盛器、盘饰设计

	盛器、盘饰设计图片（两种）		
芹香琉璃虾			
虫草蒸滑鸡			
芥茉小牛肉			
肉末烧茄条			
油焖大虾			
孜然羊肉			

（3）整体组配实践记录——质地组配

	主料质地	配料质地	成品质感	调质方法 1	调质方法 2	调质方法 3
芹香琉璃虾						
虫草蒸滑鸡						
芥茉小牛肉						
肉末烧茄条						
油焖大虾						
孜然羊肉						

（4）整体组配实践记录——香味组配

	主料本味	成品味感	取味方法	调香方法	祛味方法	调味方法
芹香琉璃虾						
虫草蒸滑鸡						
芥茉小牛肉						
肉末烧茄条						
油焖大虾						
孜然羊肉						

（5）菜肴规范作业书

菜肴名称__________　风味类型__________　制作人__________　日期__________

<table>
<tr><td>主料</td><td colspan="2"></td><td>净料率</td><td></td><td>出品率</td><td></td></tr>
<tr><td rowspan="2">调料</td><td colspan="3" rowspan="2"></td><td>主料成本</td><td>配料成本</td><td>调料成本</td></tr>
<tr><td></td><td></td><td></td></tr>
<tr><td>配料</td><td colspan="3"></td><td colspan="3" rowspan="4">菜肴成品图片</td></tr>
<tr><td rowspan="4">成品要求</td><td>色</td><td>味</td><td>形</td></tr>
<tr><td></td><td></td><td></td></tr>
<tr><td>质</td><td>香</td><td>器</td></tr>
<tr><td></td><td></td><td></td><td colspan="3">技术关键</td></tr>
<tr><td>初步加工</td><td colspan="3"></td><td colspan="3"></td></tr>
<tr><td>切配</td><td colspan="3"></td><td colspan="3"></td></tr>
<tr><td>预熟处理</td><td colspan="3"></td><td colspan="3"></td></tr>
<tr><td>打荷</td><td colspan="3"></td><td colspan="3"></td></tr>
<tr><td>烹饪过程</td><td colspan="3"></td><td colspan="3"></td></tr>
</table>

教学项目 1 应时组配

“不时，不食”。时令食材气味雄厚，营养价值高，令人食趣饱满、兴趣悠然。注重季节更替，顺应时节组配食材，令食者尝鲜解馋、美味无比。下面以春季为例来说明。

春天是最富自然馈赠的季节，明媚的阳光、和煦的暖风，更有融汇了大海、山川、原野中天然之精气的食料。舌尖上的“踏青”别有风味，足够唤醒食者的味蕾。

春美、料美、味更美。春天的茎叶菜、野菜品种丰富，采其嫩茎叶或越冬芽，焯水后凉拌、蘸酱、做汤、炒食都可以。而烧肉、叉烧、鱼松、虾干等是最合适不过的组配食材。

清香甘醇、脆嫩鲜美的春笋、茼蒿，三月八吃椿芽儿，桃花流水鳜鱼肥，春果第一枝的樱桃，清香柔嫩的鸡毛菜，被称为春菜的莴笋，根白如玉、叶绿似翠、清香馥郁的韭菜，根红叶绿、鲜嫩可口的菠菜，肥美醇嫩的花蟹，看起来硬、吃起来柔嫩的芦笋，散发着野山香气的蒲公英、山蒜等春季食材丰富多彩。

还有暮春之时的河虾、牡蛎等湖河之鲜正值繁殖期，虽不及盛夏时节肥厚，味道却相当鲜美。开水煮熟，食其原味，一口鲜甜滋味溢满口腔。

下面来看一下应时组配的方法：

（1）色彩突出本色　色彩宜淡雅，调色忌过浓过重，尽量使用原料自身颜色搭配，使菜品看起来色彩更和谐。

（2）调味淡薄，本味为主　调味宜清淡，微甘少酸，忌油腻，调味忌过浓过重，突出原料本味及大自然的清新之感。

（3）鲜嫩为主，凉菜更佳　利用食材本身最饱和的新鲜度，突出其爽嫩鲜脆的特点，忌长时间受热或机械烹制。可多用来制作凉菜。

（4）形态简洁，创设意境　形态组配宜简洁明快，美观大方。多创设春意盎然的意境。装盘多用时尚元素，突出立体摆盘，中西结合。

通过春季应时组配可以知道，适时取料，原生态料理、配不配料、调不调味、做得精细与否，都不重要。重要的是你用了，应时令，顺人气。多量可做主料，少者作为配料，单一也可组配，均可成菜。

教学项目 2 应势组配

餐饮业时势创造了诸多美食。食材不分贵贱，巧在组合搭配、贵在构思创意。

每位厨师以敏锐的眼光洞察餐饮市场的需求变化，善于积累新知识，把握时代特色，延伸菜品的文化及内涵发展。紧随市场需求，追逐时势美食，是每位厨师恒久不变的追求。

1. 把握潮流、时尚组配

菜肴之美，代代不同、时时有异。美食的表现形式、设计构思、颜色搭配、层次组合等诸多环节、各个细节要精心设计、巧妙组配，以时尚的形式表现出来。

粗粮、野味、森林食品、海洋食品等日益受到人们的喜爱；玉米席、野味席、山菌席、素席等粗粮、粗菜、野菜已走上了高级宴会的餐桌。

2. 味为先、养为本

营养组配是当今烹饪的核心所在，饮食养生作为生存质量的高需求，也让诸多养生食材及菜品重新焕发生机。

烹饪食材各有各的营养滋补价值，贵在搭配。根据年龄、职业、劳动、生活及饮食习惯等，用心组配食材，绿色、健康，推行全民养生。

3. 巧换食材，亲民近民

烹饪产品新、奇、贵，高、大、上的时代已不再是主流。从电视中养生栏目的日益亲民，可以体会到现在的老百姓越来越注重养生，养生又美味的菜品才是最有生命力的。

自降身价，高端餐饮平民化，最有效的方式便是巧换食材，接乡土地气，使原本的高大上变得亲民近民。

4. 广纳良药，中西融汇

作为中西文化交流重要内容之一的饮食，多年来一直重视良多，抱着虚心学习的态度去接触西餐，融会贯通。将中西餐的烹饪技法、原料、调味品加以结合，既具本土传统，又带异国风味，就能产生别有情趣的佳肴美食。

中国烹饪千万年的饮食文化需要发展、需要进步、需要完善。饮食交流、中西融汇，大势所趋，势在必行。借用、套用、借鉴、改良，多渠道行之，必有效果。

5. 总结积累、勇于创先

了解把握市场动向，紧跟餐饮消费需求，不断虚心学习，丰富、完善理论知识，积累实践工作经验。

年轻人思维活跃，接受新东西快，异想天开并不算坏事，事事注意总结，时时兴趣于所学，要注意培养自己敢于创新的勇气、自信，抱定勤奋、虚心、踏实、务实、努力的态度学艺，求进步。

6. 挖掘传统，继承创新

饮食源于自然，更要适应自然。现今餐饮创新意愿日趋强烈，其实挖掘传统也是一种创新。岁月更叠，日月轮回，新时代餐饮重拾古朴之风，追求食材、口味的返璞归真。泉水宴、谭家菜、红楼梦席、渔家菜、农家宴、乡土菜引领着当时今日的餐饮潮流。结合现代人的价值观、消费观和营养需求，做以必要的改进、完善，丰富现代餐饮的饮食文化。

教学项目3 应景组配

菜品要有含义、有故事，更要有灵魂。而主题、特色、情境赋予了菜肴更为广深的含义，与适合的人、事、情、景等组配，恰是菜肴的含义所在、灵魂所系。因为适合的才是最好的。

1. 主题组配

朋友聚会、生日宴会、商务接待、婚宴、宾客宴请、酒会等，不同主题富有不同的内容。

新奇贵、高大上、经济实慧等，各有各的要求，各有各的内容。各种风味汇于一馆，南北小吃集于一楼，明菜佳肴集于一身，并非明智之举。

例如，家人亲友团聚的宴席上，无需考虑奢华，更多考虑地是温馨气氛和适口味道，既不寻珍觅贵，也不追美逐奇，重在体验家庭之味。

2. 食俗组配

春节、元宵节、端午节、中秋节等节日饮食倍受重视，蕴含着深厚的地域文化精髓，散发着浓郁的地方民俗风情，有其独立的渊源和特殊的人文内涵。

春节摆家宴吃饺子、正月十五吃元宵、五月端午吃粽子、八月中秋吃月饼、腊八喝粥等，都是食俗组配的例子。

3. 情境组配

一方水土养一方人，风俗、习俗虽带传统之意，却显亲情、乡情之浓。靠山吃山、靠水吃水，虽有地域之别，却露天然之美。欣赏着山川河流美景，野菜、野味信手拈来。边品美食，边思意蕴，淳朴中铭刻着人们勤劳的生活印迹。

美食融汇于情境之间，更具生命力。

4. 特色组配

在健康、绿色、天然饮食风的带动下，繁华的都市街道边，骤然生出很多以“特色菜”为主打的饭店，而那些躲藏在乡野村落中的农家乐小店更是不显山不露水，依靠地道的农家菜、私房菜，不时描绘着“酒香不怕巷子深”的古老谚语。

农家东、食艺坊、美食会所、酒吧等，虽未入大雅之堂、豪华高大之列，但确是特色鲜明、食者如织。

教学项目 4 名称组配

菜肴的名称如同一个人、一个企业的名称一样，基本能由菜名领略菜肴的内容。

菜肴名称不是也不应信手拈来，而应与菜肴相配，深思熟虑，用心得出。

合理、贴切、名实相符。菜品要有含义、有故事，更要有灵魂、有主题。

一本书、一件事、一段经历、一句诗词、一个典故等，让你偶受启发而灵感闪现。

先以美名归纳，再设计菜肴形状，利用颜色、质地、风味特点、技法、调味等制作出菜肴。或先结合灵感制作出菜肴，再综合诸多个体因素给菜肴以恰当的名称。

名称组配方法一般有寓意命名和写实命名。

1. 寓意命名

针对食客心理，抓住菜品特色，采用比拟、象征、借代等方法为菜肴命名，渲染寓意，寄寓深情。

（1）一品　古时一品多指古代社会的最高官阶，高层一品。借用此词，形容菜肴的名贵、高级。如一品鱼翅、一品豆腐等。

（2）三元　古时以天、地、人为三元，或以状元、今元、解元为三元，也有岁三元、月三元、时三元之解。

冠以菜肴之名，三元多指三种原料，寓开年大吉，愿诸事如意。如三元扇贝、三元鱼糕等。

（3）四喜　旧时“四喜”为：久旱逢甘雨、他乡遇故知、洞房花烛夜、金榜题名时。今冠之菜名，指一个菜肴分四等份，意祝人吉祥。如四喜丸子等。

（4）其他　麒麟为传说中的珍贵动物，形状如鹿、独角、全身生麟甲、尾像牛。以此命名，富意吉祥，如麒麟桂鱼等。鸳鸯本为鸟名，行业内把色成双，味成双及原料成双的菜点，冠以鸳鸯之名，如鸳鸯火锅、鸳鸯海参。还有如宝、绣球、水晶、翡翠等均以寓意为菜肴命名所用。

下面为常用有寓意的菜名。

1）吉祥祝愿。福寿绵长、年年有余、全家福、荷塘之恋、龙凤吉祥、长命百岁、佳偶天成、天长地久、早生贵子等。

2）象形会意。残荷之韵、鲤鱼跳龙门、珊瑚牛肉、蒲芡秀清媚、菊花鱼、丰收鱼米、金钩银芽、鱼香肉丝、空心虾球、三不粘、灯影牛肉等。

3）诗词典故。梅兰竹菊、麻婆豆腐、佛跳墙、东坡肉、诗礼银杏、过桥排骨、花朝月夕、荷塘月色、泰山三美、雨荷茶鱼丝等。

2. 写实性命名

如实反映食材的组配情况、烹饪方法、色香味型质等，或者在菜名上冠以创始者及起源地名称，一听菜名就能了解菜肴的大体情况及其特点。

烹饪方法加主料命名

红烧油面筋

配料加主料命名

山椒牦牛耳

色、香、味、形加主料命名

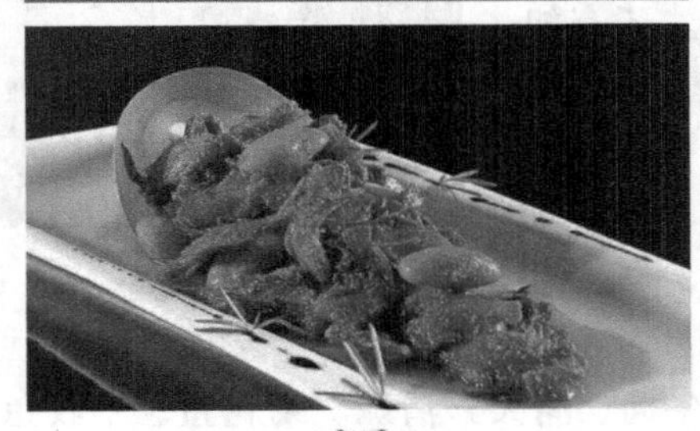

香酥迪仔鱼

烹饪方法加色、香、味、形命名

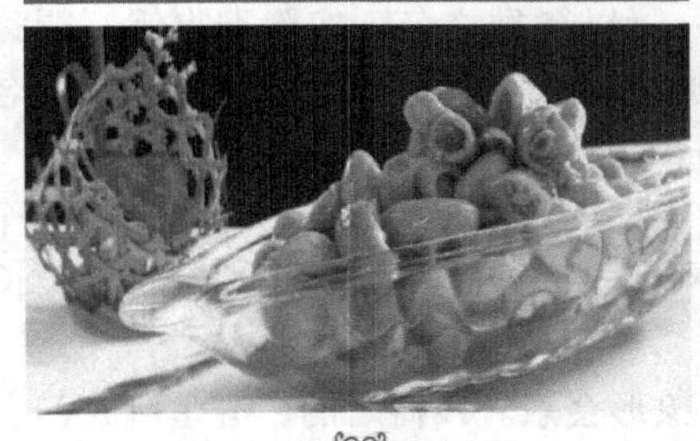

香拌脆鸡肠

配料加烹饪方法加主料命名

小土豆烧牛肉

地名、人名或单位名加主料命名

西湖醋鱼

味型加主料色、质、形命名

酸辣土豆丝

主要调味品加主料命名

蒜泥白肉

风味加主料命名

飘香肘子

盛器加主料命名

砂锅海参

中西结合命名

千岛汁虾球

特色加主料命名

家嫂蒸野菜

质地加主料命名

脆皮银鳕鱼

过程描述加主料命名

九转大肠

教学项目 5 盛器组配

“红花虽好，还需绿叶扶”。美食与盛器相映生辉，或瑰丽，或淡雅，百花齐放，不拘一格，多姿多彩。

1. 餐具的选择

美食与美器是食用与艺术完美结合的真实写照。完美的盛器组配，会使美食成为一件艺术品呈现在食者面前，美、雅、情、趣相得益彰，诠释着对食者最有诚意的尊重，及对烹饪艺术最美好的致敬。

同一道菜式采用不同形式的装盘，所呈现出来的效果可能会大相径庭。依据时间、场所、规格、菜品之不同，因菜制宜。

核心技能为餐具择选、点缀盘饰。

（1）用好对比色，自然、素雅、和谐　没有对比太过单调，对比过分强烈也会使人感到别扭，清爽悦目为佳。

（2）宁选对的，不选贵的，适合为美　炸、爆、炒宜配平盘；炖、焖、烩、熘宜配深盘、汤盘；椭圆盘配鱼菜；氽、煮宜配深形碗；煎烹宜盘、汤羹宜碗。

（3）“象形”“会意”，和谐为美　长方形、正方形、圆形、梅花形、扇形、叶形、爪形、佛手形，形状不一，各有各的用途，相得益彰才好。

（4）重量、尺寸相融，圆润饱满　平底盘、汤盘、鱼盘等的“凹凸线”为食、器结合的“最佳线”，以菜不漫过此线为佳，用碗盛汤，则以八成满为宜。

（5）档次、规格相配，好上加好　餐具造型别致、工艺考究、种类繁多，质地、档次日渐提高，具有了更鲜活的内容、更强的视觉冲击。

餐桌上的奢侈华美历来讲究，炫富耀贵之人常见。菜肴规格档次越高，餐具也应越精美，珠联璧合、熠熠生辉。

2. 点缀盘饰

精美的点缀盘饰可引人注意、诱人食欲，弥补菜肴平淡之不足，使菜肴更具清新感。

（1）因菜而宜，方法恰当　盛器搭饰、料头点缀、糖艺点缀、鲜花点缀、果酱点缀、主配料互缀、点线点缀等不同的点缀方法适于不同的菜肴，应根据菜肴特色，选用恰当的缀饰方法。

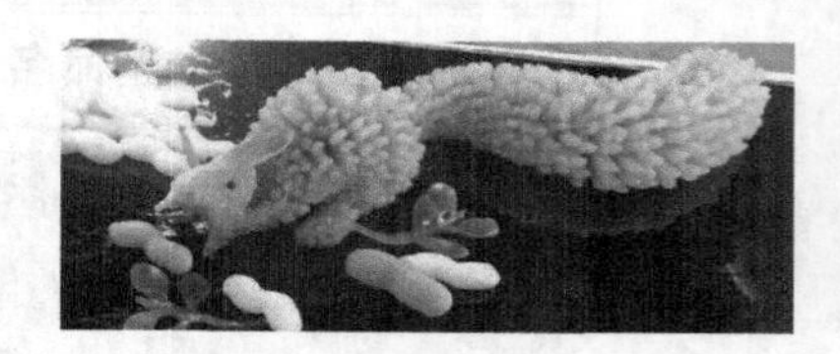

（2）简单、精致，适可而止　对菜肴进行必要的、简单明了、恰如其分的装饰，以美化菜肴，提升其价值。

不必要的点缀，效果可能会适得其反。简洁、简约为要，画龙点睛则可。

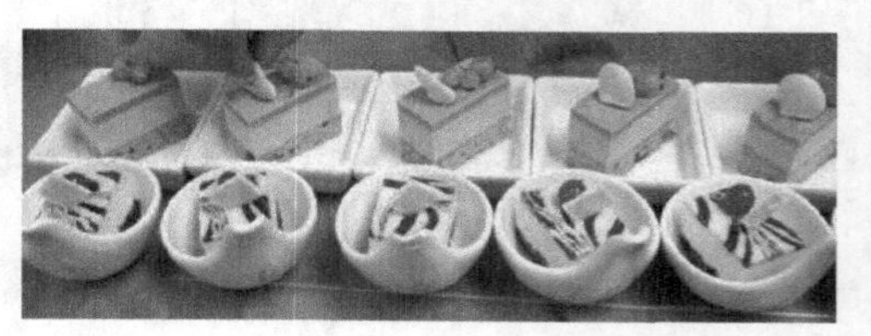

（3）意、境相接，融为一体　有生命力的菜肴和人一样，需要有其良好的生存环境和氛围。要发挥个人的艺术潜质，配合好菜肴的特点，寓意、情

境相符，盘饰与造型相协调，不能有孤立感。

装盘时利用食物的“拆分”和“组合”创设意境，盛器与盛器相饰，创设情境，有时会有意想不到的效果。

（4）宜饰则饰，清新脱俗也好 反对过分装饰。既不要所有菜肴全部装饰，也不要全部菜肴都不点缀，以免杂乱无章，菜肴间也可相互衬托。运用盛装技术把原料在盘中排列成适当的形状，结合主辅料的码放，也是点缀。

展现刀工技艺的菜肴，无需任何装饰，同样给人以美的享受。本身具有配料色彩的菜肴不宜过多装饰。系列盛器搭配，在点缀的方法和形式上要富于变化。简单的两个香菜叶、几粒枸杞、一缕葱姜丝、几根红椒丝，都可起到画龙点睛的效果，精致之余还显高档。

学有所获

1. 菜肴原料形状相似相配的原则，包括料形必须统一、注重菜肴（　　）等具体内容。
A. 艺术形式　　B. 装盘分量　　C. 装饰效果　　D. 整体效果
2. 肉类原料的致嫩方法有鸡蛋清致嫩、盐致嫩和（　　）致嫩等。
A. 淀粉　　B. 小苏打　　C. 嫩肉粉　　D. 其他
3. 糊的品种不同，保护（　　）的能力也有差异。
A. 原料风味　　B. 菜肴品种　　C. 原料水分　　D. 原料成分
4. 菜肴中通常以（　　）的色彩为基调。
A. 成品　　B. 主料　　C. 配料　　D. 调料
5. 营养价值、卫生质量、（　　）等会或多或少的通过菜肴的色彩被客观地反映出来。
A. 文化价值　　B. 味感特征　　C. 风味特点　　D. 艺术特点
6. 高档餐厅的饮食产品价格结构中，（　　）所占比例要远高于中低档餐厅。
A. 原材料成本　　B. 人工费用　　C. 采购费用　　D. 冷煮法
7. 菜肴的整体组配方法中，“主料加烹调方法加配料”命名的是（　　）。
A. 芹菜炒肉丝　　B. 炒回锅肉　　C. 韭黄炒鸡蛋　　D. 炒木须肉
8. 色彩是反映菜肴质量的重要方面，并对人们的（　　）产生极大的影响。
A. 心态　　B. 消化吸收　　C. 生理　　D. 心理
9. 猪肚头和鸭肫组配在一起，经烹饪后，都具有（　　）的口感。
A. 软烂　　B. 酥脆　　C. 滑嫩　　D. 爽脆
10. 菜肴原料形状相似相配的原则，包括料形必须统一，注重菜肴（　　）等具体内容。
A. 艺术形式　　B. 装盘分量　　C. 装饰效果　　D. 整体效果
11.（　　）冷菜的拼摆原则是：整齐划一、构图均衡、次序有别等。

A. 象形造型　　B. 几何图案　　C. 禽鸟造型　　D. 花卉造型

12.（　　）是将多种不同颜色的原料组配在一起的色彩绚丽的菜肴。

A. 龙虾刺身　　B. 糟熘三白　　C. 韭黄炒肉丝　　D. 三丝鸡茸蛋

13. 加入的（　　）或（　　），能形成脆皮糊制品均匀多孔的海绵状组织。

A. 酵粉；干淀粉　　B. 酵粉；糯米粉　　C. 面粉；泡打粉　　D. 酵粉；泡打粉

14. 烹饪前调味的目的，是使原料在烹制之前有一个（　　）的味。

A. 超前　　B. 正式　　C. 基本　　D. 确定

15. 剞刀是在原料的表面切割成刀纹，使之直接（　　），或因受热收缩卷曲成花形。

A. 用于烹制　　B. 用于调味　　C. 用于上浆　　D. 呈现花形

16. 麦穗花刀的剞刀均为深度约至（　　）厚度、刀距约为 2mm 的平行刀纹。

A. 1/4　　B. 1/2　　C. 3/4　　D. 1/3

阶段性考核评价

组别＿＿＿＿＿＿　姓名＿＿＿＿＿＿

评价项目	评价内容	评价等级（组评 学生自评）		
		A	B	C
职业素养	仪容仪表，卫生清理			
	责任安全，节约意识			
	遵守纪律，服从管理			
	团队协作，自主学习			
	活动态度，主动意识			
专业能力	任务明确，准备充分			
	目标达成，操作规范			
	工具设备，使用规范			
	个体操作，符合要求			
	技术应用，创造意识			
小组总评		组长签名： 年　月　日		
教师总评		教师签名： 年　月　日		